南京航空航天大学研究生系列精品教材

XML 知识管理：概念与应用

黄志球　沈国华　康达周　编著

科学出版社

北　京

内 容 简 介

本书全面介绍可扩展标记语言(XML)及其相关知识，具体分为三个部分：第 1 部分介绍 XML 基础，包括 XML 的概述、语法、有效性、解析、应用等内容；第 2 部分介绍 Web 服务，包括 XML 与 Web 的服务描述、服务发现与访问、服务组合、服务安全等内容；第 3 部分介绍语义 Web 及知识管理，包括资源描述框架 RDF、Web 本体语言 OWL、面向服务的 Web 本体语言 OWL-S 等内容。

本书概念严谨、结构清晰、深入浅出、通俗易懂。通过大量的实例帮助读者掌握必须的基本语法和使用方法。

本书可作为高等学校计算机专业以及相关专业本科生和研究生的 XML、Web 服务、语义 Web 课程教材，也可以作为广大计算机爱好者的自学手册。

图书在版编目(CIP)数据

XML 知识管理：概念与应用 / 黄志球，沈国华，康达周编著. —北京：科学出版社，2015.9
ISBN 978-7-03-045604-5

Ⅰ. ①X… Ⅱ. ①黄… ②沈… ③康… Ⅲ. ①可扩充语言－应用－知识管理－研究 Ⅳ. ①TP312 ②G302

中国版本图书馆 CIP 数据核字(2015)第 212038 号

责任编辑：潘斯斯 张丽花 / 责任校对：郭瑞芝
责任印制：徐晓晨 / 封面设计：迷底书装

科 学 出 版 社 出版
北京东黄城根北街 16 号
邮政编码：100717
http://www.sciencep.com

北京京华虎彩印刷有限公司 印刷
科学出版社发行 各地新华书店经销

*

2015 年 10 月第 一 版 开本：787×1092 1/16
2017 年 5 月第三次印刷 印张：12 3/4
字数：288 000

定价：45.00 元
（如有印装质量问题，我社负责调换）

前　言

可扩展标记语言(XML)是由 W3C 组织于 1998 年 2 月发布的标准,是在简化了标准通用标记语言 SGML 后形成的一种元标记语言。自从 XML 发布以来一直受到学术界和工业界的广泛关注,并且成为表示结构化数据的标准。

XML 可以用来标记数据、定义数据类型,是一种允许用户对自己的标记语言进行定义的元语言。XML 提供统一的方法来描述和交换独立于应用程序或供应商的结构化数据,是当今处理分布式结构信息并实现数据交换的有效工具。因此,学习 XML 是高等学校计算机专业以及相关专业学生进行数据类型定义、数据建模的基础。学好 XML 可触类旁通到基于 XML 的其他若干语言,如 Web 服务描述语言 WSDL、服务访问协议 SOAP、Web 本体语言 OWL 等。本书是在作者总结了过去的教学、研究和开发实践的基础上编写而成的,适合作为高等学校计算机专业以及相关专业本科生和研究生的 XML、Web 服务、语义 Web课程教材,也可以作为广大计算机爱好者的自学手册。

本书具有如下特点:

(1)内容通俗易懂,便于计算机专业以及相关专业、非计算机专业的学生学习。

(2)以 XML 为基础,以 Web 为发展脉络,讲述了 XML、Web 服务和语义 Web。

(3)给出了很多实例,帮助读者掌握基本语法和使用方法。

本书第 1~6 章由黄志球执笔,第 7~10 章由沈国华执笔,第 11~13 章由康达周执笔。全书由黄志球和沈国华负责统稿。另外,仵志鹏、陆陈、陈光颖、何一凡、张学明、刘银陵、王飞、王思琪、丁泽文、马薇薇、姜家鑫、潘诚、司佳、王梓、江东宇、孟云飞等参与了本书编写、图表制作。

限于作者的水平,本书若存在疏漏和不妥之处,恳请专家和广大读者批评指正。本书作者的联系方式: zqhuang@nuaa.edu.cn(黄志球), ghshen@nuaa.edu.cn(沈国华),dzkang@nuaa.edu.cn(康达周)。

作　者

2015 年 5 月

于南京航空航天大学

目　　录

第 2 部分　Web 服务

第 3 部分　语义 Web 及知识管理

第 1 部分　XML 基础

第 1 章　XML 概述

1.1　什么是 XML

XML（eXtensible Markup Language）是由万维网联盟（World Wide Web Consortium，W3C）定义的可扩展标记语言。XML 与 HTML 一样，都是标准通用标记语言（Standard Generalized Markup Language，SGML）。XML 允许用户按照 XML 规则自定义标记，具有可扩展性。XML 文件是由标记及其所标记的内容构成的文本文件，与 HTML 文件不同的是，这些标记可自定义，其目的是使得 XML 文件能够更好地体现数据的结构和含义。W3C 推出 XML 的主要目的是使得 Internet 上的数据相互交流更方便，让文件内容浅显而易懂。以下是一个简单的 XML 文件。

例 1.1

```
<html xmlns="http://www.w3.org/1999/xhtml">
<head>
    <title>Book List</title>
</head>
<body>
    <books xmlns="http://www.yinheedu.com/books/xml">
        <book>
            <title>企业级应用数据传技术</title>
            <author>漆美云</author>
        </book>
    <books>
</body>
</html>
```

上述 XML 文件体现了 XML 文件的基本结构，其基本特点如下：

（1）XML 文件包含一个声明，其位置必须在 XML 文件的首行；

（2）XML 文件中包含若干个标记，每个标记由开始标签和结束标签构成；

（3）XML 文件有且仅有一个根标记，其他标记都必须封装在根标记中，文件的标记必须形成树形结构；

（4）标记的内容定义在开始标签和结束标签之间，其中可以包含文本或其他标记（称为该标记的子标记）。

W3C 为 XML 制订了 10 个设计目标，具体内容包括：

（1）XML 应该能在 Internet 上直接使用；

(2)XML 应该广泛地支持不同的应用方式；

(3)XML 应该与 SGML 兼容；

(4)处理 XML 文档的程序应该容易编写；

(5)XML 可选特性的数目应该无条件地保持最小，最好是零；

(6)XML 文件要易读且清晰；

(7)XML 应该易于设计；

(8)XML 应设计得正式且简洁；

(9)XML 文件应该易于创建；

(10)XML 标签的简洁性应该是最后考虑的目标。

1.2 XML 发展历程及优势

1.2.1 XML 的出现及发展

近年来，随着 Web 的应用越来越广泛和深入，人们发现 HTML 语法过于简单且不够严密，使得它难以表达复杂的形式。尽管 HTML 推出了一个又一个新版本，并且已经有了脚本(如常用的 VBScript、JavaScript 等)、表格、帧等表达功能，但始终满足不了不断增长的需求。另外，由于 HTML 对超级链接支持不足，多媒体能力较弱，影响了 HTML 的大规模应用以及用于复杂的多媒体数据处理。另一方面，由于近年来计算机技术的迅速发展，各种 Web 浏览器的不断产生，已经可以实现比当初发明创造 HTML 时复杂得多的 Web 浏览器。所以开发一种新的 Web 页面语言既是必要的，也是可能的。

有人建议直接使用 SGML 作为 Web 语言，这固然能解决 HTML 遇到的困难，但是 SGML 过于庞大，不利于学习；同时，开发一种可以完全实现 SGML 功能的浏览器也比较困难。于是万维网联盟(W3C)建议使用一种精简的 SGML 版本——XML 应运而生了。

W3C 于 1998 年 2 月发布了 XML 的标准。W3C 制定 XML 标准的初衷是定义一种互联网上交换数据的标准。W3C 采取了简化 SGML 的策略，在 SGML 基础上，去掉语法定义部分，适当简化 DTD(Document Type Definition，文档类型定义)部分，并增加了部分互联网的特殊成分。因此，XML 也是一种标记语言，基本上是 SGML 的一个子集。因为 XML 也有 DTD，所以 XML 可以作为派生其他标记语言的元语言。

1.2.2 XML 与 HTML 的关系

HTML 具有简易且与平台无关等特点，几乎所有的浏览器都支持 HTML 标记。与 HTML 不同的是，XML 被设计用来传输和存储数据，而且允许开发者自己定义标记。因此 XML 具有比 HTML 更加强大的功能，但值得说明的是，XML 和 HTML 是为不同的目的而设计的，XML 并不能完全替代 HTML。表 1.1 给出了 XML 和 HTML 各方面存在的差别。

表 1.1　XML 和 HTML 的对比

比较项目	HTML	XML
是否预设标签	预置大量的标签	否
可扩展性	不具有	具有很好的扩展性
侧重点	如何表现信息	传输和存储数据
语法要求	不要求标记的嵌套	严格要求嵌套和配对,并需要遵循 DTD 或 Schema 定义的语义约束
结构描述	不支持深层的结构描述	对文件的嵌套层次不作任何限制
可读性与可维护性	不易阅读与维护	结构清晰、便于阅读与维护
是否区分大小写	与浏览器相关,大部分浏览器都不区分大小写	严格区分大小写
数据与显示的关系	内容描述与显示混为一体,难以分离	数据逻辑与显示逻辑分离
编辑工具	文本编辑工具,大量的所见即所得编辑工具(如 Dreamweaver 等)	文本编辑工具,大量的 XML 编辑工具(如 XMLSpy 等)
与数据库的关系	没有关系	与关系型数据库的数据表对应,可以进行转换
处理工具	任何浏览器	需要专门的程序

　　考虑到 HTML 语法不严格在一定程度上影响了网络信息的传输和共享。W3C 吸取了这一经验和教训,对 XML 制定了严格的语法标准。例如,标签都必须有一个开始标签和一个结束标签,所有的标签都必须合理嵌套,即形成树状结构。也就是说,XML 文件必须符合一定的语法规则,只有符合这些规则,XML 文件才可以被 XML 解析器解析,以便利用其中存储的数据。依据对 XML 文档规范的遵守程度,可将 XML 文档分为格式不良好(malformed)的和格式良好(well-formed)的两类,对于格式良好的 XML 文档又可依据其是否使用了 DTD 和 Schema 定义的语义约束分为无效的和有效(valid)的两类。其中格式不良好的 XML 文档是指完全没有遵循 XML 文档基本规则的 XML 文档;有效的 XML 文档不仅需要遵循 XML 文档的基本规则,而且需要使用并遵守 DTD 或 Schema 所定义的语义约束;对于仅仅遵循了 XML 文档的基本规则,却未使用 DTD 或 Schema 定义语义约束的 XML 文档则将其称为格式良好但无效的 XML 文档。

　　为了检查一个 XML 文件是否格式良好,一个简单的方法就是使用浏览器打开 XML 文件,如果 XML 文件是格式良好的,浏览器将显示 XML 文件的内容,否则将显示错误信息。

　　例 1.2

```
<?xml version="1.0" encoding="UTF-8"?>
<booklist>
    <book>
        <title>编译原理</title>
        <author>张素琴</author>
        <press>清华大学出版社</press>
        <price>45.00</price>
        <resume>本书介绍编译系统的一般构造原理、基本实现技术和一些自动构造工具。
        </resume>
    </book>
    <book>
    <title>软件工程</title>
```

```
        <author>张海藩</author>
        <press>人民邮电出版社</press>
        <price>38.00</price>
<resume>本书是软件工程领域的经典教材……</resume>
</book>
</booklist>
```

这是一个格式良好但无效的文档，图 1.1 给出了该文档 Internet Explorer 中的浏览结果。

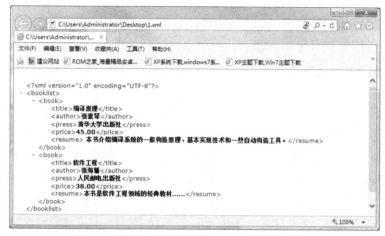

图 1.1　格式良好但无效的 XML 文档显示结果

如果将上述文档中最后的</booklist>删除，然后在浏览器中打开该文件，则会在浏览器中出现如图 1.2 所示的错误。

```
This page contains the following errors:

error on line 17 at column 1: Extra content at the end of the document

Below is a rendering of the page up to the first error.
```

图 1.2　格式不良好的 XML 文档显示结果

对于一个格式良好但无效的 XML 文档，进行如下修改即可将其变成一个有效的 XML 文档：①使用 DTD 或 Schema 指定语义约束；②遵守 DTD 或 Schema 所指定的语义约束。下面给出了例 1.2 的 DTD 语义约束。

```
<?xml version="1.0" encoding="UTF-8"?>
<!DOCTYPE booklist [
<!ELEMENT booklist ((book+))>
<!ELEMENT book ((title, author, press, price, resume))>
<!ELEMENT title (#PCDATA)>
<!ELEMENT author (#PCDATA)>
<!ELEMENT press (#PCDATA)>
<!ELEMENT price (#PCDATA)>
<!ELEMENT resume (#PCDATA)>
]>
```

XML 可以很好地描述数据的结构，有效地分离数据的结构与显示，可以作为数据交换的标准格式，实际上 XML 已经是数据交换领域的行业标准。而 HTML 是用来编写 Web 页面的语言，HTML 同时存储了数据的内容和数据的显示外观，如果只想使用数据而不需要显示，则需要对 HTML 进行专门的处理，例如在 Internet 上广泛使用的搜索引擎，在抓取得到的 Web 页面之后，就需要去除页面包含的标签，保留页面中有用的数据并用于建立索引。另外，HTML 不允许用户自定义标签，目前的 HTML 大约有 100 多个标签。HTML不是专门用于存储数据的结构，而是主要用于描述数据的显示格式。

1.2.3　XML 的发展前景

XML 自问世以来，一直受到业界的广泛关注。特别是在 1998 年 2 月成为推荐标准之后，许多厂商加强了对它的支持力度，目前已经包含在包括 Microsoft、Oracle 及 IBM 等公司的几乎所有软件之中。

美国微软公司的比尔·盖茨总裁在 Networld+Interop 2000 上做基调讲演时指出："新一代因特网的关键在于把握 XML"。他在强调该公司的操作系统 Windows 2000 的优越性的同时，还展望了该公司所描绘的未来互联网前景。比尔·盖茨指出"现在的因特网是以 Web浏览器为中心构成的"。因此，当因特网朝着现实商务中使用的"商务因特网"发展时，Web 浏览器在技术上的限制形成了一大问题。目前必须做的工作就是将 XML 技术导入浏览器。"如果使用 XML，就可以统一多种语言，多种数据格式以及多种表现方式"。因此，微软公司把操作系统和应用软件产品全都与 XML 相对应。XML 将成为具有相互连接特性的因特网标准。

XML 作为表示结构化数据的一个工业标准，为组织、软件开发者、Web 站点和终端使用者提供了许多的有利条件，使得更多的纵向市场数据格式得以建立，并被应用于关键市场，如高级的数据库搜索、网上银行、医疗、法律事务、电子商务等领域。当站点不仅提供数据浏览而是更多地进行数据分发时，XML 语言就大显身手了。

1.3　XML 的优势

XML 作为 W3C 推出的标准，已获得广泛的行业支持，W3C 研究小组确保对工作在多系统和多浏览器上用户间的互用性支持，并不断加强 XML 标准，使其成为一个强大的技术大家族。XML 在采用简单、柔性的标准化格式表达，以及在应用间交换数据方面具有革命性的进步。XML 有很多优势，总的来说，XML 不仅提供了直接在数据上工作的通用方法，而且 XML 的优势在于将用户界面和结构化数据相分离，允许不同来源数据的无缝集成和对同一数据的多种处理。从数据描述语言的角度看，XML 是灵活的、可扩展的、格式良好的以及符合指定约束；从数据处理的角度看，它足够简单且易于阅读，几乎和 HTML一样易于学习，同时又易于被应用程序处理。下面将对 XML 的优势展开详细说明。

1.3.1　良好的可扩展性

在 XML 产生之前，要想定义一个标记语言并推广利用它非常困难。一方面，如果指定了一个新的标记语言并期望它能生效，需要把这个标准提交给相关的组织(如 W3C)，等待它接受并正式公布这个标准，经过几轮的评定和修改，可能需要几年时间成为一个正式推荐标准；另一方面，为了让这套标签得到广泛应用，制定者必须为它配备浏览工具。这样，就不得不去游说各个浏览器厂商接受并支持新制定的标签，或者自己开发一个新的浏览器，与现有的浏览器竞争。无论上述的哪个办法，都需要耗费大量的时间和工作。现在借 XML 的帮助，制定新的标记语言要简单易行得多，这也正是 XML 的优势所在。

各个行业会有一些独特的要求。比如说，化学家需要化学公式中的一些特殊符号，建筑家需要设计图样中的某些特殊标记，音乐家需要音符，这些都需要单独的标记。但是，其他网页设计者一般不会使用这些记号，因此不需要这些标签。XML 的优点就在于，它允许各个组织、个人建立适合他们自己需要的标签库，并且这个标签库可以迅速投入使用。

不仅如此，随着当今世界越来越多元化，想要定义一套各行各业都能普遍应用的标签既困难，也没有必要。XML 允许各个行业根据自己独特的需要制定自己的一套标签，同时它并不要求所有浏览器都能处理成千上万个标签，同样也不要求标记语言的制定者制定出一个非常详尽、非常全面的语言，从而适合各个行业、各个领域的应用。比起那些追求大而全的标记语言的做法，这种具体问题具体分析的方法实际上更有助于标记语言的发展。现实中，许多行业、机构都利用 XML 定义了自己的标记语言。

1.3.2　内容与形式分离

XML 不仅允许自定义一套标签，而且这些标签不必仅限于对显示格式的描述。XML 允许根据不同的规则来制定标签，如根据商业规则、数据描述，甚至可以根据数据关系来制定标签。

对于 HTML 语言，尽管这也是存储并显示数据的一种可行的方法，但它的效率和能力却非常有限，至少存在以下几个严重的问题：显示方式内嵌于数据之中；在数据中寻找信息非常困难；数据自身的逻辑不得不让位于 HTML 语言规范的逻辑。

与此相比，当使用 XML 数据的表示形式时，以上问题迎刃而解，回顾示例可以看出，现在的标签为要表现的数据赋予了一定的含义。使用 XML 进行数据存储时，数据非常简单明晰，因为它所携带的信息不是显示上的描述，而是语义上的描述。信息的显示方式已经从信息本身抽取出来，单独放在了"样式单"中，这也丰富了显示的样式。这样一来，上面所说的 HTML 的 3 个问题都得到了很好的解决。

1.3.3　遵循严格的语法要求

XML 的标记是程序员自己定义的，标记的定义和使用是否符合语法，需要验证，即 XML 不但要求标记配对、嵌套，而且还要求严格遵守 DTD 或者 XML Schema 的规定。DTD 是一个专门的文件，用来定义和校验 XML 文档中的标记；XML Schema 采用 XML 语法描述，它比 DTD 更有优越性，多个 Schema 可以复合使用 XML 名称空间，可以详细定义元素的内容及属性值的数据类型。

HTML 的语法要求并不严格，浏览器可以显示有语法错误的 HTML 文件。在处理 HTML 文件时，浏览器通常具备一个内置的修改功能去猜测 HTML 文件中漏掉了什么，并试图修改这个有错误的 HTML 文件。但是，XML 非常注重准确性，一旦语法有什么差错，XML 分析器都会停止对它的进一步处理。就像编译一个程序一样，一个 XML 文档或者被判定为"正确"而被接受，或者被判定为"错误"而不被接受。这是因为 XML 的宗旨在于通过自定义的标签来传递结构化的数据，一个 XML 文档分析器无法像处理一个已有一套固定 DTD 的 HTML 文件那样猜出文件中到底有什么，或者缺什么。

严格的语法要求固然表面上显得烦琐，但一个具有良好语法结构的文档可以提供较好的可读性和可维护性，从长远来看还是大有裨益的。这样大大减轻了 XML 应用程序开发人员的负担，也提高了 XML 处理的时间和空间效率。随着 XML 的自动生成工具和所见即所得的编辑器的广泛使用，XML 的编写者也不必操心 XML 的源代码，更不用去想 XML 的一些琐碎的语法规则。当然，这对于 XML 的开发工具也就提出了较高的要求。

1.3.4　便于不同系统之间的信息传输

在当今计算机世界中，不同企业、不同部门中存在着许多不同的系统。操作系统有 Windows、UNIX 等，数据库管理系统有 DB2、SQL Server、Oracle 等，要想在这些不同的平台、不同的数据库管理系统之间传输信息，不得不使用一些特殊的软件，这样就非常不方便。而不同的显示界面，从工作站、个人计算机到移动终端(如手机、平板电脑等)，使这些信息的个性化显示也变得相当复杂。

有了 XML，各种不同的系统之间可以采用 XML 作为交流媒介。XML 不但简单易读，而且可以标记各种文字、图像，甚至二进制文件，只要有了 XML 处理工具，就可以轻松地读取并利用这些数据，这使得 XML 成为异构系统之间一种理想的数据交换格式。同时，由于 XML 可以很方便地与数据库中的表进行相互转换，使得计算机能够很简易地读取和存储资料，并确保数据结构正确。

1.3.5　具有良好的保值性

XML 的保值性来自它的先驱语言 SGML，SGML 套用十几年历史的国际标准，它最初设计的目标就是要为文档提供 50 年以上的寿命。

我们通过流传至今的大量历史文献知道祖先悠久辉煌的历史，同样，我们的后代也要靠我们留下的文字资料来了解历史。可是现在大部分资料都是电子文档的形式，而且很多没有被打印下来单独存档。若干年后，我们的子孙很可能面对着这些电子文档，苦于没有软件工具能够打开。如果没有 XML，恐怕只有两个办法：要么返璞归真继续使用纸介质，要么不辞辛苦随着软件的更新换代来大规模地转换原有文档到最新格式。SGML 和 XML 不但能够长期作为一种通用的标准，而且很容易向其他格式的文档转化，它们的设计对这一问题给出了圆满的解决方案。

尽管 XML 有诸多优势，但也存在以下不足：

(1) XML 采用树状存储方式，虽然搜索效率极高，但是难以进行插入和修改操作。

(2) XML 的文本表现手法、标记的符号化会导致 XML 数据比二进制表现数据量增加，尤其当数据量很大时，效率就成为很大的问题。

（3）XML管理功能不完善，XML文档作为数据被使用，缺乏数据库系统那样完善的管理功能。

（4）XML作为元标记语言，任何人、公司和组织都可以利用它定义新的标准，这些标准之间缺乏一种通用的通信机制。

1.4　本　章　小　结

本章首先介绍了 XML 的定义、XML 的基本特点，以及 W3C 制定的 XML 设计目标，然后阐述了 XML 的发展历程以及发展前景，并逐项对比了 XML 和 HTML 之间的联系与区别，最后介绍了 XML 的优势与不足。

第 2 章　XML 语法

XML 有自己的语法结构，检验一个 XML 文档是否符合 XML 语法规范是必需的。一方面，必须保证自定义的 XML 格式能够被标准 XML 解析器解析；另一方面，要保证 XML 作为输入时是合法的。本章从 XML 文档的组成构件出发，详细介绍 XML 的语法结构，阐述如何从基本的元素和属性开始构建一个完整的 XML 文档。

一个格式良好的 XML 文档意味着它遵循 W3C 的 XML 推荐标准的规则。这些规则规定了文档内容与元数据分割方式、标记的标识方式、XML 文档组成部分、XML 文档组成部分的显示顺序以及显示位置。

一个 XML 文档可以分为两个部分：序言区(prolog)和主体区(body)。

本章将详细介绍 XML 的语法结构。通过本章的学习，读者可以开始编写基本的 XML 文档。

2.1　XML 文档的序言

序言是 XML 文档的开始部分，包括 XML 声明，也可以包括文档类型定义(Document Type Definition，DTD)、注释、处理指令(process instrument)等。

2.1.1　XML 声明

一个规范的 XML 文件应当以 XML 声明作为文件的第一行，在其前面不能有空白、其他的处理指令或者注释。XML 声明以 "<?xml" 标识开始，以 "?>" 标识结束。以下是一个最基本的 XML 声明：

```
<?xml version ="1.0"?>
```

XML 声明包括三个属性：版本(version)属性、编码(encoding)属性、独立(standalone)属性，其中版本属性是必需的，编码属性和独立属性是可选的。XML 声明并不是一个元素，因此这里的属性一般称为伪属性。

1. 版本属性

一个简单的 XML 声明可以只包含属性 version，用来指出该 XML 文件所使用的 XML 版本，该属性通常为 1.0，表明该文档遵守 XML1.0 规范。

XML 1.0 是 W3C 的推荐标准，包括 Extended Backus-Naur Form(EBNF)中的语法标识。这个正式的规范可以很容易地从 W3C 的 Web 站点上得到。除了 XML1.0 版本，W3C 将 XML1.1 定为候选推荐标准，XML1.1 能够支持 Unicode 的今后所有版本，因此每当出现 Unicode 的新版时无需进行 XML 名的改写或重新公式化。

2. 编码属性

XML 声明中可以指定 encoding 属性的值，该属性规定 XML 文件采用哪种字符集进行编码。如果在 XML 声明中没有指定 encoding 属性的值，则该属性的默认值是 UTF-8。例如：

```
<?xml version="1.0" encoding="UTF-8"?>
```

上述声明中指定 encoding 属性的值是 UTF-8 编码。

下面是几种常见的字符集：

(1)简体中文：GBK 或 GB2312。

(2)繁体中文：BIG5。

(3)西欧字符：ISO8859-1。

(4)通用的国际编码：Unicode。

如果在编写 XML 文件时只准备使用 ASCII 字符和汉字，可以将 encoding 属性的值设置为"gb2312"。这时 XML 文件必须使用 ANSI 编码保存，XML 编码器根据 encoding 属性的值会识别 XML 文件中的标记并正确解析标记中的内容。例如：

```
<?xml version="1.0" encoding="gb2312"?>
```

如果在编写 XML 文件时只准备使用 ASCII 字符，也可以将 encoding 属性的值设置为"ISO-8859-1"。例如：

```
<?xml version="1.0" encoding="ISO-8859-1"?>
```

XML 文档中的字符遵循 Unicode 标准。Unicode 是一种遵从国际化理念而设计的文本编码标准。Unicode 字符集由 UNICODE 协会管理并接受其技术上的修改，最多可以识别 65535 个字符，Unicode 字符集的前 128 个字符刚好是 ASCII 码表。Unicode 字符集还不能覆盖全部历史的文字，但大部分国家的"字母表"的字母都是 Unicode 字符集的一个字符，如汉字中的"你"字就是 Unicode 字符集中的第 20320 个字符，一个字符在 Unicode 字符集中的顺序位置也称为该字符的代码点。Unicode 主要有两个编码系统：UTF-8 和 UTF-16。

XML 文件默认使用 UTF-8 编码，在 UTF-8 编码中，字符以 8 位序列来编码，用一字节或几字节来表示一个字符。

UTF-8 编码标准如下：

(1)对 Unicode 字符集中代码点 0～127 的字符，UTF-8 将该字符编码为 1 字节，且高位为 0，也就是说，UTF-8 编码保留 ASCII 字符的编码作为它的一个部分，如在 UTF-8 和 ASCII 中，"A"的编码都是 ox41。

(2)对 Unicode 字符集中代码点 128～2047 的字符，UTF-8 用 2 字节来编码，且高字节以"110"作为前缀，低字节以"10"作为前缀。

(3)对于 Unicode 字符集中的其他字符，UTF-8 全用 3 字节来编码，并且 3 字节分别用"1110"、"10"和"10"作为前缀。

尽管采用 UTF-8 编码会多占用一些空间(一个汉字需 3 字节)，但 UTF-8 编码较好地解决了国际化问题，这一点对于网络上的信息交流是非常重要的，UTF-8 兼容 GB2312、BIG5、EUC-JP 等多种国家语言编码。

3. 独立属性

独立属性用于指明 XML 文档的完整结构是否需要外部文档的支持。在 XML 声明中可以指定 standalone 属性的值，该属性可以取值 yes 或 no，以说明 XML 文件是否为完全自包含，即是否有引用外部"实体"。如果当前文档是自包含的，即本身可以进行正确解释，就不需要参考其他文件，说明文档是独立的，standalone 取值为 yes。该属性的默认值是 no，则需要引用其他文件对 XML 文档进行解析。

下列 XML 声明指定 standalone 属性的值为 yes。

```
<?xml version="1.0" encoding="UTF-8" standalone="yes"?>
```

2.1.2　DTD

文档类型定义(DTD)一般存在于 XML 声明之后和第一个元素之前。DTD用来规范 XML 文件的格式，它必须出现在文件头中，以便 XML 校验器在一开始便可以得到该 XML 文件的格式定义。DTD 是一套关于标记符的语法规则，它定义了可用在文档中的元素、属性和实体，以及这些内容之间的相互关系。

每个有效的 XML 文档必须指定它对于哪个 DTD 是有效的。这个 DTD 可以包含在相应的 XML 文档中，也可以独立定义在一个 DTD 文档中，以便其他的 XML 文档调用。前者称为内部 DTD，后者称为外部 DTD。外部 DTD 往往是一个行业或者一个领域内所有 XML 文档所遵守的一个公共标准协议。关于 DTD 的具体内容将在第 3 章中详细介绍。

2.1.3　处理指令

XML 声明的标签用"<?"开始，用"?>"结束，称为处理指令(Processing Instruction，PI)。除了 XML 声明这一特殊的处理指令外，在 XML 文档中还可以包含其他处理指令。处理指令是包含在 XML 文档中的一些命令性语句，目的是告诉 XML 处理一些信息或执行一定的动作，将关于 XML 文档的信息传递给其他应用程序。例如，XML 声明就是告诉 XML 解析器，该文档遵循 XML1.0 规范，就按照 XML1.0 的要求来检查。关于其他方面的处理指令，将在后面进一步说明。处理指令的格式为：

　　　　<?目标…指令…?>

其中，目标(target) 必须是一个合法的 XML 名称(符合元素的命名规范)，用来指示传递给哪一个应用程序；指令是一个字符串。

虽然 PI 的格式和 XML 声明格式相似，但两者又有明显不同。

例如，下面的 PI 指定了一个 XSL 样式表的引用：

```
<?xml-stylesheet type="text/xsl" href="stylesheet.xsl"?>
```

PI 中的第一项是一个名字，即处理指令的目标。上面 PI 的名字是 xml-stylesheet，是应用程序可以识别的通用标识符，它告诉浏览器在显示这个 XML 文档时，将把相应路径下的样式表文件应用于该文档。以 XML 开头的名字被保留为 XML 专用 PI 的名字。这个 PI 还有一段文本字符 type="text/xsl" href="stylesheet.xsl"，是 PI 的指令。这两条指令告诉应用程序所应用的样式表类型是 XSL，样式表文件所在的路径是 stylesheet.xsl。

虽然指令的描述看起来像是元素的属性，但是这里的属性并不是元素的属性，它们类似于声明中的伪属性。处理指令的格式要求比较宽松，除"?>"外任何合法的字符都可以出现在指令中，"?>"代表处理指令的结束。

2.1.4 注释

XML 文件的注释和 HTML 文件相同，注释以"<!--"开始，以"-->"结束，XML 解析器将忽略注释的内容，不对它们实施解析处理。例如：

```
<?xml version="1.0" encoding="UTF-8"?>
<!-- 简单的 XML 文件-->
```

注释几乎可以出现在 XML 文档的任何地方，但是不可以出现在 XML 声明的前面，下面注释出现的位置是错误的：

```
<!-- 简单的 XML 文件-->
<?xml version="1.0" encoding="UTF-8"?>
```

注释并不影响 XML 文档的处理，通常是为了便于阅读和理解。在添加注释时需要遵循以下规则：

(1)注释里不能包含文本"-->"；

(2)注释不能包含在标签内部；

(3)元素中的开始标签或结束标签不能被注释掉；

(4)虽然大多数 XML 处理程序都会把注释传递给应用程序，但并不一定必须这么做。

2.2 XML 文档的元素段

XML 文档中的数据存储在文档元素或根元素内。这个元素包含文档中的所有其他元素（element）、属性（attribute）、标记（markup）和 CDATA，同时也可以包含实体和注释。

2.2.1 元素

在 XML 文档中，元素有很多作用：

(1)可以标记内容；

(2)为它们标记的内容提供一些描述；

(3)为数据的顺序和相对重要性提供信息；

(4)展示数据之间的关系。

元素包含一个开始标签、一个结束标签和内容。内容可以是文本、子元素或是两者都有。元素的开始标签中也可包含属性。在元素内部可以放置注释。

元素的名称在包含在开始标记和结束标记中，由一个或者多个字符构成。对于英文元素名称来说，元素的命名规则如下：

(1)元素名称的第一个字符必须为字母或者下划线。

（2）除第一个字符外，其他字符可以是字母、数字、下划线、连字符(-)和点(.)。不能包括特殊字符，如&、*、#等。

（3）元素名称区别英文字母大小写，即字母相同而大小写不同的名称被视为不同的元素。如<Student></Student>和<student></student>是两个不同的元素。

（4）元素名称不能包含空格，浏览器将把空格后面的字母识别为属性名称。

元素的命名规则也同样适用于实体和属性等。XML 中元素有四类：

（1）空元素；

（2）仅含文本的元素；

（3）仅含子元素的元素；

（4）含子元素、文本或混合元素的元素。

所有以 XML 开头的名字，无论大小写，都是预留的不能被使用。

1. 空元素

如果元素中不包含任何文本，那么它就是一个空元素，可以有以下两种方式书写：

（1）<ElementName></ElementName>

（2）<ElmentName/>

第二行使用一种省略的写法，在结束标记的尖括号前面加上一个正斜杠。XHTML 中
也是空元素的一个例子。使用空元素写法可以减小文件的大小并使文档更清晰易读。本书中主要采用第二种写法。

2. 仅含文本的元素

有些元素仅含文本内容。从下面的例子中可以看到，<Title>、<Format>和<Genre>都是仅含文本的元素：

```
<Title>favorite animal</Title>
<Format>Movie</Format>
<Genre>Classic</Genre>
```

3. 包含其他元素的元素

一个元素可以包含其他的元素。容器元素称为父(parent)，被包含的元素称为子(child)。根元素是所有其他元素的父元素。下面例子中<DVD>元素就是一个包含子元素的元素：

```
<DVD id="1">
    <Title>favorite animal</Title>
    <Format>Movie</Format>
    <Genre>Classic</Genre>
</DVD>
```

描述 XML 中的元素结构时经常使用族谱来作类比。

4. 混合元素

混合元素既含有文本也含有子元素。上面 DVD 的例子并没有包含这种类型的元素。下面的代码片段显示了一个混合元素：

```
<MixedElement>
    This element contains both text and child elements
    <ChildElement>This element contains text</ChildElement>
    <EmptyElement>
</MixedElement>
```

可以看到，所有元素都有以下条件：

(1)元素必须含有开始标签和结束标签，在没有内容的情况下，才可以使用省略写法；

(2)标签名称必须符合 XML 命名规则；

(3)元素必须正确嵌套。

一个元素包含另一个元素称为元素的嵌套。含有元素的元素称为父元素，被包含的元素称为子元素。根元素是所有元素的父元素。

```
<Nuaa>
    <Student>
        <Sex>
            female
        </Sex>
    </Student>
</Nuaa>
```

2.2.2　标记

XML 是基于文本的标记语言，可以在 XML 文档中添加标记，使文档数据结构清晰而变得容易处理。XML 标记提供和描述 XML 文件或实体的内容结构，其结构与 HTML 基本相同。

标记的种类有很多，如开始标记、结束标记、实体引用标记、字符引用标记、空元素标记、处理指令标记、注释标记、文档类型声明标记、CDATA 标记等。一般来说，XML文件中的标记可以分为空标记和非空标记两种。

1. 空标记

所谓空标记，是指不标记任何内容的标记。由于空标记不标记任何内容，所以空标记不需要开始标记和结束标记，空标记以"<"标识开始，用"/>"标识结束，根据空标识是否含有属性，空标记的语法格式分别为：

　　　　<空标记的名称属性列表/>

或

　　　　<空标记的名称/>

需要注意的是，在标识"<"和标识名称之间不要含有空格，以下都是错误的空标记：

```
< Lili age="24" sex="female"/>
< Lili/>
```

在标识"/>"的前面可以有空格和回行，以下都是正确的空标记：

```
<Lili age="24" sex="female"
/>
<Lili    />
```

2. 非空标记

非空标记必须由"开始标记"和"结束标记"组成，"开始标记"与"结束标记"之间是该标记所标记的内容。

开始标记以"<"标识开始，用">"标识结束，"<"与">"标识之间是标记的名称和属性列表，根据非空标记是否含有属性，开始标记的语法格式分别为：

        <标记的名称属性列表>

或

        <标记名称>

结束标记以"</"标识开始，用">"标识结束，"</"与">"标识之间是标记的名称。需要注意的是，在标识"</"和标记名称之间不要含有空格，允许">"的前面可以有空格和回行。以下是一个正确的非空标记：

```
<Sex>
    male
</Sex>
```

而下面是一个错误的非空标记（"<"和"Birthday"之间有空格）：

```
<  Birthday>
    1980.3.12
</  Birthday>
```

在标记的"开始标记"和"结束标记"之间是该标记所标记的内容，一个标记的内容由两部分构成：文本数据和标记，其中的标记称为该标记的子标记。

下面通过一个例子来说明标记内容中的文本数据和标记：

```
<Student>
    <Sex>
        female
    </Sex>
</Student>
```

上面例子中，Student 标记的内容包括标记 Sex 和文本数据 female。

标记的名称必须满足一定的规则，规则是：名称可以由字母、数字、下划线（_）、点（.）或连字符（-）组成，但必须以字母或下划线开头。如果 XML 文件使用 UTF-8 编码，字母不仅包括通常的拉丁字母 abc 等，也包括汉字、日文片假名、平假名、朝鲜文以及其他许多语言中的文字。标记名称区分大小写，例如：<name>Kevin</name>与<Name>Kevin</Name>是完全不同的标记。

XML 文件必须有且仅有一个根标记，其他标记都必须封装在根标记里面。XML 文件的标记必须形成树状结构。以下是一个不规范的 XML 文件，标记未形成树状结构。"性别"标记与"出生日期"标记有交叉。

```
<Root>
    <Sex>
        female
    <Birthday>
    </Sex>
        1980.2.12
    </Birthday>
</Root>
```

2.2.3　属性

XML 文档中，提供信息的另一种方法就是在元素的开始标签中使用属性。属性是指标记的属性，可以为标记添加附加信息。

属性必须由名字和值组成，在非空标记的开始标记或空标记中声明，用 "=" 为属性指定一个值。语法如下：

　　<标记名称属性列表>……</标记名称>
　　<标记名称属性列表>

例如：

```
<Student name="Lily" sex="female">
</Student>
```

属性名字的命名规则和标记的命名规则相同，可以由字母、数字、下划线(_)、点(.)或连字符(-)组成，但是必须以字母或下划线开头。属性的名字区分大小写。

属性值是一个用单引号或双引号括起来的字符串，如果属性值需要包括左尖括号 "<"，右尖括号 ">"，与符号 "&"，单引号 "'"，双引号 """，就必须使用字符引用或实体引用。

属性不体现数据的结构，只是数据的附加信息。一个信息是否作为一个标记的属性或作为该标记的子标记，这取决于具体的问题。一个基本的原则，不要因为属性的频繁使用破坏 XML 的数据结构。

下面是一个结构清晰的 XML 文件。

```
<Student>
    <Sex>
        female
    </Sex>
    <Class>
        3.2
    </Class>
    <Age>
        13
    </Age>
</Student>
```

把上例中子标记的数据改为父标记的属性值，可表示如下：

```
<Student sex="female" class=3.2 age=13>
</Student>
```

2.2.4 引用

XML 中有 5 种字符属于特殊字符：左尖括号 "<"、右尖括号 ">"、与符号 "&"、单引号 "'" 和双引号 """。对于这些特殊的字符，XML 有特殊的用途，如标记使用左、右尖括号等。标记的内容可以由两部分构成：文本数据和标记，依照 W3C 制定的规范，文本数据中不可以含有这些特殊字符，下列标记中的文本内容是非法的：

```
<Lily>
     1980.2.12,&female
</Lily>
```

要想在文本数据中使用这些特殊字符，只能通过引用。

XML 提供了两种引用方法：实体引用和字符引用。

1. 实体引用

XML 有 5 种预定义实体，实体引用格式如下：

(1) < 引用左尖括号 "<"

(2) > 引用右尖括号 ">"

(3) ' 引用单引号 "'"

(4) " 引用双引号 """

(5) & 引用与符号 "&"

引用以 "&" 开始以 ";" 结束，在编辑 XML 文档时，直接把它们插入到文档中代替特殊字符。解析器在解析标记中的数据时，实体引用将被替换为所引用的实体，如 "&quot" 被替换成字符 """。

例如，下面标记中的文本内容是合法的：

```
<Lili>
     1980.2.12,&amp;&lt;female&gt;
</Lili>
```

2. 字符引用

对于有些字符无法从键盘键入到文档中(如希腊字母)，可以使用字符引用来解决。所谓字符引用，就是用字符的 Unicode 代码点(即字符在 Unicode 字符集中的顺序位置)来引用该字符。例如，希腊字母 "α" 可以用 "&#945" 来引用。"&#" 开始的字符引用，使用代码点的十进制；"&#x" 开始的字符引用，使用代码点的十六进制。

下面的文本内容中使用了字符引用。

```
<Game>
     I like &#946;,we are &#60;&#753c;&#x56E6;&#62;
</Game>
```

也可以使用字符引用来引用左尖括号、右尖括号、与符号、单引号和双引号。

对于 Windows 平台，可以使用字符映射表(character map)获取字符的代码点(附件→系统工具→字符映射表)。

2.2.5　CDATA 段

如前所述，标记内容中的文本数据不可以含有左尖括号、右尖括号、符号、单引号、双引号等特殊字符，如果要使用这些字符，可以通过实体引用。但是，当文本数据中包含大量特殊符号时，文本数据中就会出现很多实体引用或字符引用，导致文本数据的阅读变得困难，CDATA（Character Data）段就是为解决这一问题而引入的。

CDATA 段用"<![CDATA["作为段的开始，用"]]>"作为段的结束，段开始和段结束之间称为 CDATA 段的内容，所有 CDATA 段的内容都是纯字符数据，解析器不对 CDATA 段的内容做分析处理，因此 CDATA 段中的内容可以包含任意字符。

在 CDATA 中不能出现"]]>"，因为它代表 CDATA 段的结束，故 CDATA 段中不可以嵌套另一个 CDATA 段。下面来看一个 CDATA 段的例子：

```
<![CDATA[
    I like &#946;,we are &#60;&#753c;&#x56E6;&#62;
]]>
```

2.3　创建格式良好的 XML 文档

至此，我们完成了 XML 基本语法结构的学习。下面根据本章学习的 XML 语法规范，以学校的师生信息为例，来创建一个格式良好的 XML 文档。

首先，使用文本编辑器新建一个 XML 文档。可以使用 Windows 中的记事本或者 Linux 中的 Vim 编辑器。

1. XML 文档的声明

XML 文档的声明是可选的，它可以不出现，如果出现就必须在 XML 文档的最开始部分。XML 文档的声明包括版本信息、编码信息、独立性信息。这里给出一个简单的实例，它不需要外部文档的支持，编码属性和独立属性都使用默认值。

```
<?xml version ="1.0"?>
```

2. 创建根元素

元素是 XML 的基本组成块，所有的文档都必须至少包含一个元素。

一个规范的 XML 文档的主体有且仅有一个根元素，其他的所有元素均嵌套在根元素中。

```
<?xml version ="1.0"?>
<Nuaa>
</Nuaa>
```

3. 创建子元素

除空元素外的所有元素都必须包含开始标记和结束标记。下面以班级为单位登记学生信息。

例 2.1　登记学生信息。

```
<?xml version ="1.0"?>
<Nuaa>
    <Class1>
        <Student>
            <Name>
                Lily
            </Name>
            <Sex>
                female
            </Sex>
            <Age>
                13
            </Age>
        </Student>
        <Student>
            <Name>
                Lucy
            </Name>
            <Sex>
                female
            </Sex>
            <Age>
                13
            </Age>
        </Student>
    </Class1>
</Nuaa>
```

Nuaa 为学校，Class1 为班级，上例中登记了班级中两个学生 Lily 和 Lucy 的姓名、性别和年龄。

4. *属性*

在创建元素的时候，有些简单的数据作为子元素太过烦琐。在例 2.1 中可以将某些子元素转化为属性，这样可以使文档结构更加简洁。

例 2.2

```
<?xml version ="1.0"?>
<Nuaa>
    <Class1>
        <Student name="Lily" sex="female" age="13">
        </Student>
        <Student name="Lucy" sex="female" age="13">
        </Student>
    </Class1>
</Nuaa>
```

5. 完整的 XML 文档

例 2.3

```
<?xml version ="1.0"?>
<Nuaa>
    <Class1>
        <Student name="Lily" sex="female" age="13">
        </Student>
        <Student name="Lucy" sex="female" age="13">
        </Student>
        <Student name="Tom" sex="male" age="12">
        </Student>
        <Student name="Jim" sex="male" age="14">
        </Student>
        <Student name="Jude" sex="male" age="15">
        </Student>
    </Class1>
    <Class2>
        <Student name="Joe" sex="male" age="12">
        </Student>
        <Student name="Grace" sex="female" age="14">
        </Student>
        <Student name="Kime" sex="male" age="13">
        </Student>
        <Student name="Roy" sex="male" age="13">
        </Student>
        <Student name="Karry" sex="male" age="15">
        </Student>
    </Class2>
</Nuaa>
```

2.4　本 章 小 结

　　本章介绍了格式良好的 XML 的含义；XML 文档的组成部分，包括序言区和主体区；详细说明了 XML 文档的基本构建块——元素和属性，以及这些构建块的组成方式和遵循的规则。最后给出了创建一个格式良好的 XML 文档的实例。

第 3 章 XML 的有效性

通过前面章节的介绍，建立了格式良好的 XML 文档，如何确保此 XML 文档是有效的，需要依据数据结构对其进行验证，也就是要对其数据结构进行约束。通过使用解析器对其中的数据进行进一步的解析，目前主要对 XML 的数据结构进行约束的方式有两种：文档类型定义（Document Type Definition，DTD）和 XML 模式（XML Schema）。XML 的有效性（Validity）指 XML 文件除了是格式良好的之外，还必须遵守 DTD 或 XML 模式的约束。

3.1 文档类型定义

3.1.1 DTD 简介

XML 允许用户制定自定义标记，这些标记基于信息描述并体现数据之间逻辑关系，从而确保文件易读性和易搜索性。因此，完全意义上的 XML 不仅是格式良好的，还应该遵守 DTD 中已声明的各种规定。

DTD 除了描述 XML 文档的结构外，还定义了 XML 文档中可以使用的合法元素，指定了文档中可以使用的元素、元素可以具有的属性、元素的子元素及其出现的顺序等内容。DTD 通常非常简单，仅仅列出 XML 中可以出现的有效元素，如元素、标记、属性、实体等；当然它也可以非常复杂，除了列出以上元素外，还可以指定这些元素间的内在联系。也就是说，DTD 是 XML 文档的一个格式模板，但要创建一份完整的适应性强的 DTD 非常困难，因为各行各业都有自己的行业特点，所以 DTD 通常以某个应用领域作为定义的范围，如医学、建筑、工商、行政等。

通过上述对 DTD 的描述，不难发现 DTD 的作用。通过使用 DTD 文件可以：

(1) 使每份 XML 文档带有一个自身格式的描述；

(2) 使不同的组织可以使用一个通用的 DTD 来交换数据；

(3) 使应用程序可以使用一个标准 DTD 来校验外部接受的 XML 数据是否有效；

(4) 实现文件共享。

例如，两个不同行业、不同地区的组织使用同一份 DTD 文件作为 XML 文档的创建规范，那么，它们的数据就可以很容易地实现交换和共享。如果有第三方需要介入修改 XML 文档中的内容，也只需要修改该 DTD 文件以满足公用性，并以此来建立 XML 文档。

目前，有许多现有 DTD 文件可以直接使用。针对不同的行业和应用，这些文件包含了通用的元素和标记规则。用户不需要重新创建，只要将需要增加的内容添加到这些文档中就能使用。用户也可以创建自己的 DTD，这样更容易创建满足规范的 XML 文档。

3.1.2　DTD 的语法

一份 DTD 文档包含元素的定义规则、元素之间关系的定义规则、元素之间可使用的属性、可使用的实例和符号规则。下面将对 DTD 的使用语法进行详细介绍。

1. 元素声明

元素是 DTD 的重要组成部分。在 DTD 中，元素类型是通过 ELEMENT 标记声明的。元素声明分为三部分：ELEMENT 声明、元素名称和元素内容模型。DTD 的元素包含元素标记、内含的子元素和元素内容数据，它同时也声明 XML 文件的元素架构。

元素声明的语法：

    <!ELEMENT 元素名称 类别>

或者

    <!ELEMENT 元素名称(元素、内容)>

参数说明：

(1)元素名称：XML 的标记名。

(2)类别：指明 XML 中此元素应该包含什么类型的数据或者包含什么样的内容。

DTD 元素声明除了定义 XML 中文件的标签名，还定义元素之间的关系，如是否拥有子元素等。

如果一个元素有一个或多个子元素，则需要将子元素定义在括号中。在 DTD 中，可以通过正则表达式来规定子元素出现的顺序和次数。语法分析器将这些正则表达式与 XML 文档内部的数据模型相匹配，以判别一个文档是否为有效的 XML 文档。表 3.1 列出了正则表达式中各种符号的用法。

表 3.1　正则表达式的用法

符号	用　　途	示　　例	说　　明
( )	对元素进行分组	(机身|机翼|起落装置)、(摩擦阻力|压差阻力|干扰阻力)	分为二组
|	在所列出的对象中选一个，类似于或	(机身|机翼|起落装置)	在 3 种类型中选择一个
+	该对象至少出现一次，可以出现多次	(飞机阻力+)	表示飞机阻力必须出现，而且可以出现多个阻力
*	该对象允许出现零次到任意多次	(乘客*)	表示乘客可以出现零次到多次
?	该对象最多只能出现一次，可以不出现	(轮子？)	表示飞机上的轮子可以出现，也可以不出现，如果出现的话最多只能出现一次
,	对象按指定的顺序出现	(尾翼，水平尾翼)	表示尾翼，水平尾翼必须出现一次且依次出现
	无符号	尾翼	必须出现且只能出现一个：尾翼必须出现

下面来看一个完整的拥有子元素的例子。

Draglist 元素拥有子元素 drag，且可能有一个或多个：

```
<!ELEMENT Draglist(drag+)>
```

遵循 DTD 规定的 XML 文件应该定义为：

```
<Draglist>
<drag> frictional drag</drag>
<drag> pressure drag</drag>
</Draglist>
```

DTD 元素除了可以定义元素的子元素，还能够定义元素内标记包围的数据内容。其中元素还有空元素、Unrestricted 元素、简单元素和混合元素类型。表 3.2 给出元素类型与其相对应的语法格式。

表 3.2　元素类型对应的语法格式

元素类型	语 法 格 式
空元素	<!ELEMENT 元素名 EMPTY>
Unrestricted 元素	<!ELEMENT 元素名称 ANY>
简单元素	<!ELEMENT 元素名称 (#PCDATA)>
混合元素	<!ELEMENT 元素名 (#PCDATA|子元素 1|子元素 2|…|子元素 *n*)*>

2. 属性声明

属性是对元素的补充和修饰，其能够将某些元素与它具有的一些简单的特性相连，利用属性，用户还可以为元素增添大量的信息。DTD 中的属性声明包含 ATTLIST、元素的名称和属性列表。属性列表由属性名称、属性类型和属性值声明三部分组成。

DTD 属性声明的语法：

```
<ATTLIST 元素名称 属性名称 属性类型 属性值声明>
```

参数说明：

(1) 元素名称：属性所属的 XML 的元素名称。

(2) 属性名称：属性的名称。

(3) 属性类型：确定属性值的种类。属性的类型如表 3.3 所示。

表 3.3　属性的类型

类型	含　　义
CDATA	纯文本，由可显示字符组成的字符串
Enumerated	取值来自一组可接受的取值范围，在( )内被制定
ID	以属性值的方式为文档中的某个元素定义唯一的标识，用以区分具有相同结构、相同属性的不同元素
IDREF	属性值引用已定义 ID 值，方法是把那个元素的 ID 标识值作为该属性的取值
ENTITY	取值为一个已定义的实体
ENTITYS	该属性包含多个外部实体，不同实体间用空格隔开
NMTOKEN	表述属性值只能由字母、数字、下划线、句点、冒号、连字符这些符号组成
NMTOKENS	表示属性值可以由多个 NMTOKEN 组成，每个 NMTOKEN 之间用空格隔开
NOTATION	取值为一个 DTD 中声明的符号，这个类型对于使用非 XML 格式的数据非常有用
(en1|en2|…)	此值是枚举列表中的一个值
xml	DTD 默认的属性

（4）属性值声明：属性的默认值声明，用来指出属性是否需要出现或只是选项。属性的默认值如表 3.4 所示。

表 3.4　属性的默认值列表

名　　称	定　　义
#REQURED	属性必须赋值，在 XML 文档中必须给出这个属性的属性值
#IMPLIED	属性值可有可无，而且也无须在 DTD 中为该属性提供默认值
#FIXED value	属性固定取值。需要为一个特定的属性提供一个特定的默认值，并且不希望 XML 文档中另外给出值把此默认值代替掉
Default value	事先定义了默认值的属性。需要在 DTD 中提供一个默认值；在 XML 文档中可以为该属性提供新的属性值，也可以不另外给出

下面用几个实例来说明如何在 DTD 中进行属性的声明。

（1）#IMPLIED 选项属性（可有可无）。如果元素的属性是可有可无的，需要使用关键字 #IMPLIED 具体如下：

```
<!ATTLIST airplane drag CDATA #IMPLIED>
```

上述说明 airplane 元素的属性 drag 为可选项。下面的 XML 文档都是合法的：

```
<airplane drag="wave drag"/>
<airplane/>
```

（2）#REQURED 必选属性。如果一些元素具有必要的属性，这时需要用关键字#REQURED，例如：

```
<!ATTLIST airplane_wing CDATA #REQURED>
<airplanewing="horizontal tail"/>  ----正确
<airplane/>                         ----错误
```

（3）#FIXED 固定值属性值。如果规定一个属性有固定的属性值，且这个属性值不能被用户修改，则需要使用关键字#FIXED，例如：

```
<!ATTLIST airplane_wing CDATA # FIXED "horizontal tail">
```

上述说明 airplane 的属性 wing 是一个固定值，且用户不能修改。下面的 XML 文档依据上面的规定是合法的：

```
<airplane_wing= "horizontal tail" />
```

而下面的 XML 文档是非法的：

```
<airplanes_wing= "vertical tail" />
```

上面三个实例介绍了属性默认值列表的三个默认值的使用，下面针对属性类型来举例说明其具体使用。

如果需要限制属性值是其中的几个，如 airplane drag 的属性值有 frictional drag、pressure drag 和 interference drag，则可以使用下面的语法：

```
<!ATTLIST 元素名称 属性名称 （en1|en2|…） 默认值>
```

例如：

```
<!ATTLIST airplanedrag(frictional drag|pressure drag|interference drag)
"frictional drag">
```

上述说明 airplane 的属性 drag 是一个可选值。下面的 XML 文档是合法的：

```
<airplane drag= "frictional drag"/>
```

或者

```
<airplane drag= "pressure drag"/>
```

或者

```
<airplane drag= "interference drag"/>
```

3. 实体声明

所谓实体(entity)，是指如同程序语言的常量，用来定义一些重复和常用的文字内容以及一些转义字符，或者是一些常常需要更改的文字内容。就像办公软件中的宏一样，用户可以预先定义一个实体，然后进行实体引用，在一个文档中多次调用，或者在多个文档中调用同一个实体。实体可以包含字符、文字等。

实体的使用主要有如下好处：

(1)减少差错：多个文档中相同的部分或者一个文档中重复的出现，只要输入一遍就可以保证其格式一致。

(2)提高维护效率：假设多个 XML 文档都引用了某具体实体，若要修改文档内容，且这些内容之前都写在实体中，则需要修改实体中的部分，直接找到定义好的实体，并对其进行修改即可。若不使用实体，则需要在 DTD 中找到每一处要被修改的地方进行修改。

DTD 的实体分为内部一般实体、外部一般实体、内部参数实体和外部参数实体。

1)内部一般实体

内部一般实体的实体参考值属于一个字符串的文字内容。

内部一般实体的语法格式：

```
<!ENTITY 实体名称 "实体内容">
```

其中，实体内容为一段可以解析的文字内容。

在 XML 文档中使用实体的方式称作实体参考。以&作为开头，以;作为结尾，中间为实体名称。例如：

```
<airplane>&drag;&wing;</airplane>
```

上述 XML 示例中 drag 和 wing 为实体名，其对应的 DTD 定义如下：

```
<?xml version="1.0" encoding="UTF-8"?>
<!DOCTYPE airplane[
    <!ELEMENTairplane(drag,wing)>
<!ENTITY drag " frictional drag ">
```

```
<!ENTITY wing " horizontal tail ">
]>
```

2）外部一般实体

外部一般实体与内部一般实体不同，它不是一个文字内容，而是一个外部文件。它允许使用文字或二进制内容的文件。如果是文本文件就插入文件；如果是二进制内容的文件，因为解析器无法处理，则会作为属性值使用，如图片文件。

外部一般实体的语法格式：

```
<!ENTITY 实体名称 SYSTEM "被引用实体的 URI/URL">
```

上述实体声明为外部实体，使用关键字 **SYSTEM**，如果不是文字内容而是二进制文件，则使用如下语法格式：

```
<!ENTITY 实体名称 SYSTEM "URI/URL" NDATA 标记名>
```

参数说明：

（1）URI/URL：实体参考文件的路径地址。

（2）标记名：标记声明的名称，指定外部二进制文件的种类。

在 XML 文件中，使用外部实体和内部实体的方式是相同的。例如，对于上面的例子：

```
<airplane>&drag;&wing;</airplane>
```

如果使用外部一般实体，相应的 DTD 声明文件应该是：

```
<?xml version="1.0" encoding="UTF-8"?>
<!DOCTYPE airplane[
<!ELEMENT_airplane(drag,wing)>
<!ENTITY drag "frictional drag">
<!ENTITY wing "horizontal tail">
    <!ENTITY ContentSYSTEM "air.txt">
]>
```

文件 air.txt 的内容如下：

```
<Drag>&drag;</Drag>
<Wing>&wing;</Wing>
```

3）内部参数实体

内部参数实体是指在 DTD 中定义的并且只能在 DTD 中引用的实体，这种实体不能在 XML 文档的基本元素中使用，且只能在外部 DTD 中定义后才能被引用。其定义和引用的语法如下。

定义语法：

```
<!ENTITY %实体名 "实体内容">
```

引用语法：

```
%实体名;
```

下面举例说明内部参数实体的应用。

```
<?xml version="1.0" encoding="UTF-8"?>
<!DOCTYPE airplane SYSTEM "Entity.dtd">
<airplane>
<name>C919</name>
<drag>&drag;</drag>
    <wing>&wing;</wing>
</airplane>
```

文件 Entity.dtd 中的代码如下：

```
<?xml version="1.0" encoding="UTF-8"?>
<!DOCTYPE airplane[
<!ELEMENT airplane (name,drag,wing)>
    <!ENTITY %con "(#PCDATA)"
    <!ELEMENT name %con;>
    <!ELEMENT drag (#PCDATA)>
    <!ELEMENT wing (#PCDATA)>
<!ENTITY %drag " frictional drag ">
<!ENTITY %wing " horizontal tail ">
]>
```

4) 外部参数实体

外部参数实体不同于内部参数实体，既可以在内部 DTD 中声明，也可以在外部 DTD 中声明，它的定义语法和引用语法如下。

定义语法：

```
<!ENTITY %实体名 "外部实体的 URL">
```

引用语法：

```
%实体名;
```

下面针对外部参数实体举例说明。

```
<?xml version="1.0" encoding="UTF-8"?>
<!DOCTYPE airplane [
    <!ENTITY %con SYSTEM "Entity_DTD.txt">
    %con;
]>
<airplane>
<name>C919</name>
<drag>&drag;</drag>
    <wing>&wing;</wing>
</airplane>
```

文件 Entity_DTD.txt 的内容如下：

```
<!ELEMENT airplane (name,drag,wing)>
<!ELEMENT name (#PCDATA)>
<!ELEMENT drag (#PCDATA)>
<!ELEMENT wing (#PCDATA)>
```

```
<!ENTITY %drag "frictional drag ">
<!ENTITY %wing "horizontal tail ">
```

3.1.3　DTD 的调用

DTD 使用文档类型声明(如 DOCTYPE)引入到 XML 文档结构中。文档声明放在 XML 文档的序言部分,以"<!DOCTYPE>"开头,以">"结束。在 XML 文件中使用 DTD 有两种形式:①直接插入在 XML 文件中和 XML 元素放在一起;②使用外部独立的 DTD 文件。此外,还有一种混合的方式,XML 文件同时使用以上两种方法,建立更为复杂的 DTD。

当内部 DTD 在 XML 文件的文件序言区域中定义时,使用内部的 DTD 文件声明。其语法如下:

```
<!DOCTYPE 根元素[元素声明]>
```

其中,根元素制定此 DTD 根元素的名称,一个 XML 文件有且只有一个根元素。如果 XML 文件中使用了 DTD,则文件的根元素必须在 DTD 中指定。

一个含有 DTD 的 XML 文档结构为:

```
<?xml version="1.0"?>
<!DOCTYPE 根元素[
 元素描述
]>
文档数据区...
```

例如,对于下面的 XML 文档:

```
<?xml version="1.0"?>
<airplane>
    <model>C919</model>
    <area>China</area>
</airplane>
```

如果要插入 DTD,则只需要在第一行后面插入下面的代码即可。

```
<!DOCTYPE airplane[
    <!ELEMENT airplane(model,area)>
    <!ELEMENT airplane(#PCDATA)>
    <!ELEMENT area (#PCDATA)>
]>
```

假如 DTD 位于 XML 源文件的外部,那么应该使用外部 DTD 文档声明。外部 DTD 文件是一个独立于 XML 文件的文件,使用.dtd 扩展名。因为外部 DTD 独立于 XML 文件,所以它可以提供给多个 XML 文件使用。外部 DTD 的优点是显而易见的:它可以方便高效地被多个 XML 文档所共享。因此,只需要写一个 DTD 文件就可以被多个 XML 文档调用,方便多个用户修改 XML 文档。事实上,当许多组织需要统一数据交换格式时,就是通过外部 DTD 完成来的。这样做不仅简化了输入的工作,还保证当对 DTD 做改动时,不需要一一去改动引用了它的 XML 文件,只需要改公用的 DTD 文件就足够了。需要注意的是,如果 DTD 的改动不是"向后兼容"的,这时原先写的 XML 可能就会出现问题。

外部 DTD 与内部 DTD 十分类似，除了没有内部 DTD 中的<!DOCTYPE 根元素[元素声明]>语句外，有关的元素数目、排列顺序、空元素、选择性元素、Entity 属性设定等都与内部 DTD 一样。

使用外部 DTD 的 XML 文档的结构如下：

```
<?xml version="1.0"?>
<!DOCTYPE 根元素 SYSTEM|PUBLIC "文件名及其位置">
文档数据区…
```

此语句必须位于 XML 文件的文件序言区。

参数说明：

(1)SYSTEM：指外部 DTD 文件是私有的，这个关键字主要用于引用一个作者或者组织所编写的众多 XML 文档中通用的 DTD。

(2)PUBLIC：指外部 DTD 文件是公用的，是一个由权威机构制定的提供给特定行业和公众使用的 DTD。PUBLIC DTD 都有一个逻辑名称——DTD-name，用户必须在调用时指明这个逻辑名称。

(3)文件名及其位置：以 URL 的形式指明 DTD 的文件位置。

例如，将下面的代码定义为 airplane.dtd。

```
<!ELEMENT airplane (model,area)>
<!ELEMENT airplane (#PCDATA)>
<!ELEMENT area     (#PCDATA)>
```

若要在文档中调用，只需要在 XML 的相应位置加上如下代码即可：

```
<!DOCTYPE note SYSTEM "airplane.dtd">
```

下面看看完整的调用外部 DTD 的 XML 的文件例子：

```
<?xml version="1.0"?>
<!DOCTYPE note SYSTEM "airplane.dtd">
  <airplane>
    <model>C919</model>
    <area>China</area>
</airplane>
```

3.2　XML Schema

XML Schema 或称为 XML 模式定义(XML Schema Definition，XSD)原本是微软提出的规则，在 2001 年 5 月正式发布为 W3C 推荐标准。经过数年的大规模讨论和开发，最终成为全球公认的 XML 环境下首选的数据建模工具。

和 DTD 一样，XML Schema 负责定义和描述 XML 文档的结构和内容。它可以定义 XML 文档中存在哪些元素，以及元素与元素之间的关系，还可以定义元素和属性的数据类型。与 DTD 不同的是，XML Schema 本身是一个 XML 文档，它符合 XML 语法结构，使用通用的 XML 解析器就可以解析它。

XML Schema 的 W3C 建议规格分为以下三部分。

（1）XML Schema Part 0:Primer。W3C 建议规格的第一部分是描述和使用范例，说明一些 XML Schema 的重点，这份文件是学习 XML Schema 和了解 XML Schema 功能的开始。

（2）XML Schema Part 1:Structures。W3C 建议规格的第二部分是定义 XML Schema 的文件架构，说明 element、attribute 和 notations 等元素的声明和使用。

（3）XML Schema Part2：Datatypes。W3C 建议规格的第三部分是内建资料形态的定义。

XML Schema 与 DTD 的作用是相同的，都是验证 XML 文件，其特点如下：

（1）XML Schema 拥有自己定义的语法，它本身就是一份良好的 XML 文件。

（2）XML Schema 支持更多 XML 元素的"数据类型"，可以定义各种 XML 元素的数据类型。

（3）XML Schema 可以建立复杂的可重用的内容建模。

（4）XML Schema 用于模拟程序设计的一些基本概念，如对象继承和类型替换。

（5）XML Schema 支持命名空间。

3.2.1　XML Schema 的语法

1. 数据类型

XML Schema 的数据类型主要分为两类：简单数据类型和复杂数据类型。

简单数据类型包括 float、time、string 等原始数据类型，它可以派生出列表派生类型、联合派生类型、限制派生类型，这些派生出的类型也是简单数据类型；复杂数据类型形成包括扩充已有简单类型元素、扩充已有复杂类型、限制一个复杂类型而派生新的复杂数据类型。

1）简单数据类型

XML Schema 中定义了一些简单的数据类型。简单数据类型可以分为内置数据类型和用户自定义简单数据类型。其中，简单数据类型包括 Primitive（原始数据类型）和 Derived（派生数据类型）。这些类型是在 XML Schema 中使用的每种数据最基本的构成块；可以用来描述元素的内容和属性值，也可以根据这些类型构造自定义的类型。XML Schema 支持的 Primitive 原始数据类型如表 3.5 所示。

表 3.5　XML Schema 支持的 Primitive 原始数据类型

数据类型	描　　述	数据类型	描　　述
string	表示字符串	dateTime	表示特定时间
boolean	表示布尔型，取值 true 或者 false	time	表示特定时间，且每天重复
decimal	表示十进制，用来准确定义一个值	date	表示日期
float	表示双精度 32 位浮点数	anyURL	表示一个 URL 用来定位文件
double	表示双精度 64 位浮点数	recurringDuration	表示在一个特定时间间隔后重现的持续时间
timeDuration	表示持续时间		

通过 Primitive 数据类型或 Derived 数据类型导出的数据类型统称为 Derived 派生数据类型，如表 3.6 所示。

表 3.6　Derived 派生数据类型

数据类型	描　　述
integer	用一个可选择的符号+或−表示十进制数的一个序列（由 decimal 导出）
long	表示在−263 和+263−1 之间的一个值，用 integer 导出
nonNegativeInteger	表示大于或等于 0 的一个整数（由 integer 导出）
positiveInteger	表示一个大于 0 的整数（由 nonNegativeInteger 导出）
int	表示最小值是−231，最大值是+231−1 的一个数（由 long 导出）
time	表示每天时间重现的一个实例（由 recurringDuration 导出）
date	表示从特定一天午夜开始，在下一天午夜结束的一个时间段（由 timeDuration 导出）

用户自定义的简单数据类型是编写模式文档的用户根据已存在的简单数据类型定义的，定义时，需要使用 XML Schema 中一个很重要的关键字——simpleType。在模式文件中此关键字是作为元素使用的。simpleType 元素中还可以包含一些常用的属性，其作用如表 3.7 所示。

表 3.7　simpleType 元素常用的属性

属　　性	描　　述	属　　性	描　　述
enumeration	在特定的数据集中选择，限定用户的选值	maxLength	指定长度的最大值
fractionDigits	限定最大的小数位，用于限定精度	minExclusive	指定最小值（大于）
length	指定数据的长度	minInclusive	指定最小值（大于等于）
maxExclusive	指定数据的最大值（小于）	minLength	指定最小长度
maxInclusive	指定数据的最大值（小于或等于）	pattern	指定数据的显示规范

用户自定义的简单数据类型的语法格式：

```
<xsd:simpleType name="自定义的数据类型的名称">
<xsd:restriction base="所基于的内置数据类型的名称">
```

内容模型定义：

```
</xsd:restriction>
</xsd:simpleType>
```

例如：

```
<xs:element name="bookname">
    <xs:simpleType>
    <xs:restriction base="xs:string">
    <xs:minLength value="5"/>
        <xs:maxLength value="20"/>
    </xs:restriction>
```

```
        </xs:simpleType>
    </xs:element>
```

2)复杂数据类型

复合元素包含其他元素、属性和其他混合内容。为了声明复合元素,应当首先定义一个复杂元素类型,然后将该数据类型与元素相关联来声明一个复合元素。复杂数据类型的声明语法如下:

```
<xsd:complexType name="数据类型的名称">
内容模型定义(包含子元素和属性的声明)
</xsd:complexType>
```

2. 元素声明

XML 中的元素存在两种状况:①只包含数字、字符串或其他数据,不包括子元素和属性;②除了包含其自身属性还包括子元素。在 XML Schema 中定义了两种元素声明的方式来解决上述问题。

1)简单元素的声明

在 XML Schema 中声明简单元素,必须使该元素的简单数据类型相关联。简单数据类型可以使 XSD 的内置数据类型,也可以使用户自定义的数据类型。其语法格式如下:

```
<xs:element name="name" type="type" default="默认值"
minOccurs="nonNegaticeInteger" maxOccurs="nonNegaticeInteger|unbounded"/>
```

下面介绍用于声明元素的 element 的常用属性。

(1)name:指定声明元素的名字。

(2)type:指定声明元素的数据类型。

(3)default:指定该元素的默认值,是可选的。

(4)minOccurs:指定该元素出现的最小次数,是可选的。如果指定为 0,则该元素是可选的;如果大于 0,则该元素是强制出现的,至少要出现次数为指定次数。默认值为 1。如果单独出现时,其取值只能为 0 或者 1。

(5)maxOccurs:指定该元素出现的最大次数,是可选的。如果指定为 unbounded,则该元素可能出现次数为任意次数,默认值为 1。如果单独出现时,取值不能为 0。

2)复杂元素的声明

在 XML Schema 中,对于有自己内容的元素并且包括子元素的元素称为复合元素,使用复杂元素声明。其语法结构如下:

```
<xs:complexType name="name" mixed="true">
<xs:sequence>
<xs:element.../>
<xs:element.../>
</xs:sequence>
</xs:complexType>
```

complexType 元素的属性说明:

(1) name：说明此元素类型的名称。

(2) mixed：说明此元素的内容，默认值 false 表示只声明 XML 元素。true 表示只声明 XML 元素和文字内容，表示在元素中除了其他的 XML 元素还拥有元素的文字内容。

3. 属性声明

XML Schema 中属性声明 <attribute> 标签来定义。其语法格式如下：

```
<xs:attribute name="name" type="simple_type" use="how_it_used"
default="value" fixed="value"/>
```

一个 <attribute/> 元素声明一个属性，其参数说明如下：

(1) name：说明 XML 元素的属性名。

(2) type：说明属性的数据类型，可以使用内置或者 simpleType 元素定义的数据类型。

(3) use：说明 XML 元素属性的使用方式，有三种方式，如表 3.8 所示。

(4) default：属性的默认值，如果没有指定，就使用此属性的默认值。

(5) fixed：如果属性存在，其内容一定是此属性值。

表 3.8　XML 元素属性的使用方式

use 属性值	说　明
optional	属性值可有可无，此项为默认值
required	属性值任意，但必须出现一次
prohibited	用来在 restriction 元素中限制属性的使用

4. XML Schema 复合类型指示器

使用 XML Schema 复合类型指示器可以控制在文档中使用元素的方式。XML Schema 指示器有三种类型：Order 指示器、Occurrence 指示器、Group 指示器。下面分别介绍这三种指示器。

1) Order 指示器

Order 指示器用于指示元素出现的顺序。共有三种：all、choice、sequence，如表 3.9 所示。

表 3.9　Order 指示器

类型	说　明	示　例

all	子元素可以按照任意顺序出现，且每个元素必须出现一次	`<xs:all>`
		`<xs:element />`
		`</xs:all>`

choice	子元素选择出现，每个元素可能会出现	`<xs:choice >`
		`<xs:element />`
		`</xs:choice >`

sequence	子元素按照固定顺序出现	`<xs:sequence >`
		`<xs:element />`
		`</xs:sequence >`

2) Occurrence 指示器

Occurrence 指示器用于定义某个元素出现的频率。共有两种：maxOccurs、minOccurs，如表 3.10 所示。

表 3.10 Occurrence 指示器

类型	说　明	示　例
maxOccurs	规定某个元素可出现的最大次数	`<xs:element name="child_name" type="xs:string" maxOccurs="10"/>`
minOccurs	规定某个元素能够出现的最小次数	`<xs:element name="child_name" type="xs:string" minOccurs="0"/>`

3）Group 指示器

Group 指示器用于定义复杂类型定义中使用的元素组。其中元素组通过 group 声明进行定义，而属性组通过 attributeGroup 声明进行定义，元素组的 group 的声明方法如下：

```
<xs:group name="组名称">
        …
</xs:group>
```

用户必须在 group 内部声明定义一个 all、choice 或者 sequence 元素。下面这个例子定义了名为 persongroup 的 group，它定义了必须按照精确的顺序出现的一组元素。

```
<xs:group name="persongroup">
<xs:sequence>
<xs:element name="firstname" type="xs:string"/>
    <xs:element name="lastname" type="xs:string"/>
</xs:sequence>
</xs:group>
```

在把 group 定义完毕后，就可以在另一个定义中引用它了。

```
<xs:group name="persongroup">
<xs:sequence>
    <xs:element name="firstname" type="xs:string"/>
    <xs:element name="lastname" type="xs:string"/>
    <xs:element name="birthday" type="xs:date"/>
    </xs:sequence>
</xs:group>
<xs:element name="person" type="personinfo">
<xs:complexType name="personinfo">
    <xs:sequence>
    <xs:group ref="persongroup">
    <xs:element name="country" type="xs:string"/>
    </xs:sequence>
</xs:complexType>
```

属性组 attributeGroup 声明方法如下：

```
<xs:attributeGroup name="组名称">
…
<xs:attributeGroup>
```

下面这个例子定义了名为 personaattrgroup 的一个属性组。

```
<xs:attributegroup name="personattrgroup">
```

```
    <xs:element name="firstname" type="xs:string"/>
    <xs:element name="lastname" type="xs:string"/>
    <xs:element name="birthday" type="xs:date"/>
</xs:attributegroup>
```

在已定义完毕属性组之后，就可以在另一个定义中引用它了。

```
<xs:attributegroup name="personattrgroup">
    <xs:element name="firstname" type="xs:string"/>
    <xs:element name="lastname" type="xs:string"/>
    <xs:element name="birthday" type="xs:date"/>
</xs:attributegroup>
<xs:element name="person">
    <xs:complexType>
    <xs:attributeGroup ref="personattrgroup">
    </xs:complexType>
</xs:element>
```

3.2.2 XML Schema 间的调用

模式的一个关键特征是支持高度的重用性。在一个模式中声明的组件能够被另一个模式重用，这可以通过 include 元素和 import 元素来实现。

1. include 元素

include 元素，是用来包含或引用定位在一个明确地址外部的模式。其语法如下：

```
<include id="ID" schemaLocation="filename">
```

include 的属性说明：

(1) id：用来指定元素的 ID，ID 必须是唯一的，但此元素项是可选项。

(2) schemaLocation：指定模式文件的物理地址。

include 在一个 Schema 文件中可以出现多次。它在使用上唯一的约束是要包含和已包含的模式文件都必须属于同一个目标空间。

include 元素允许引用任何在同一个目标空间的上下文中被定义的外部模式，用户可以使用 Schema 元素的 targetNamespace 属性来声明目标命名空间。例如：

```
<xs:schemaxmlns:xs=http://www.w3.org/2001/XMLSchema
    targetNamespace=www.ecomatcybershoppe.com/purchase>
</xs:schema>
```

2. import 元素

import 和 include 元素具有完全相同的功能，但是 import 元素允许访问来自多个不同目标空间的模式组件。其语法如下：

```
<import id="ID" namespace="namespace" schemaLocation="filename">
```

import 的属性说明：

(1) id：用来指定元素的 ID。ID 必须是唯一的，但此元素项是可选项。

（2）namespace：指定被引入模式所属命名空间的 URL。它也指定前缀，该前缀用来使用一个元素或属性和一个特定的命名空间相关联。

（3）schemaLocation：指定模式文件的物理地址。

将一个 XML 模式引入另一个 XML 模式时，必须先在需要引入模式文件的 Schema 文档中指明应用模式所在的命名空间，并在引入的同时声明该命名空间的前缀。

3.3　DTD 与 XML Schema 的比较

DTD 与 Schema 都可以定义 XML 文档的结构和数据类型。有人认为既然有了 DTD，为什么还要使用 Schema 呢？或者 Schema 出现了 DTD 就要被淘汰了吗？这两种说法都不正确。

虽然 Schema 提供了良好的文档描述方法，包括一种更常用的语法，但是它没有提供 ENTITY 的功能，在许多 XML 文档和应用中，ENTITY 声明具有极其重要的地位。从这一点上看，DTD 较之更胜一筹。DTD 还有一个更为明显的优点：DTD 是 XML 推荐标准里唯一的定义验证的方法。这样使得 DTD 可以直接嵌入到 XML 文档里。支持 DTD 的解析器修改后可以使用嵌入的声明，而非验证型解析器可以忽略这些声明。XML 程序设计工具都有专门处理 DTD 类型的功能。由于 DTD 从标准化通用标记语言（SGML）继承了其他发布部分的特性，因此它在传统的应用程序中仍有广泛的应用。

1. DTD 的特点

与 Schema 相比，DTD 有如下优势：

（1）广泛的工具支持：所有的 SGML 和许多 XML 工具都支持 DTD。

（2）广泛的应用：有很多的文档形式都支持 DTD。

（3）广泛的经验：DTD 已经应用多年，在实践中人们已积累了许多宝贵的经验。

2. XML Schema 的特点

Schema 相对于 DTD 的明显好处是 XML Schema 文档本身是 XML 文档，这样方便了用户和开发者，他们都可以使用相同的工具来处理 XML Schema 和其他 XML 信息，而不必专门为 Schema 使用特殊的工具。Schema 简单易懂，还提供了以下特性：

（1）丰富的数据类型；

（2）用户自定义数据类型 Archetypes（原型）；

（3）属性 Attribute 分组；

（4）Archetypes 原型可以被修改；

（5）Namespace 命名空间的支持；

Schema 支持以下领域：

（1）信息出版与共享；

（2）电子商务；

（3）网络信息传送与监控；

(4) 文档归类；

(5) 数据库与应用程序的信息交换；

(6) 数据交换。

3.4　本章小结

在前一部分已经能够建立格式良好的 XML 文档，但是要想确保此文档同时有效，就必须使其在格式良好的情况下满足 DTD 或者 XMLSchema 的约束。

本章主要介绍了文档类型定义（DTD）和 XML Schema，并从元素声明、属性声明和实体声明三个部分介绍文档类型定义的语法，从数据类型、元素声明和 Group 指示器三个方面介绍 XML Schema 的语法，并介绍了 DTD 中的实体和 XML Schema 的调用。最后列举了一些例子进行解释。

第4章　XML 的格式化与转换

4.1　CSS

4.1.1　CSS 简介

前面的章节中介绍过，XML 文档只为数据提供结构，没有涉及数据如何显示。层叠样式表(Cascading Style Sheet, CSS)是用于为 XML 数据定义显示参数的一种技术，利用简单的规则来控制元素内容在浏览器中的表现方式。CSS 最初是被开发用来为 HTML 文档指定显示的。样式表中的显示规范与 XML 数据分离，意味着相同的数据可通过不同的样式表以不同的方式显示。相同的样式表也可以应用到多个 XML 文件中。

1. CSS 的概念

CSS 主要用于控制 HTML 页面中元素的大小、位置、背景和颜色等外观。与控制 HTML 的可视化效果类似，CSS 可以为 XML 文档增加丰富的显示效果。它具有以下特点：

(1)使网页上的内容和格式控制相分离。

(2)几乎支持所有的浏览器。

(3)使页面的字体变得更漂亮，更容易编排。

(4)加快了网页的加载速度。

(5)可以将许多网页的风格、格式同时更新，不用一页一页地更新。可以将站点上所有的网页风格都使用一个 CSS 文件进行控制，只要修改这个 CSS 文件中相应的行，整个站点的所有页面都会随之发生变动。

CSS 是通过对页面结构风格控制的思想，真正做到网页内容与格式控制分离的一种样式设计语言。CSS 是放在页面中的纯文本，通过浏览器解释执行。甚至对一些非常老的浏览器，也不会产生页面混乱的现象。只要懂得 HTML 就可以非常容易地掌握 CSS。

一个 CSS 文件是一系列规则的集合，这些规则用于控制网页内容的外观。从精确的布局到特定的字体和样式，CSS 都可以实现。CSS 主要用于控制 HTML 文档的显示格式，同时也可用于控制 XML 文档的显示格式。

W3C 的推荐标准是CSS 2.1，目前最新的版本是CSS 3。

2. CSS 的基本语法

在 XML 中，组成文档的单元是元素，元素的概念对于 XML 非常重要。而在 CSS 中，几乎看不到 XML 语法的任何痕迹(CSS 本来就不是为 XML 设计的)。CSS 具有自己的组成结构，类似 XML 中元素的结构单元，这种结构单元称为 CSS 元素。

CSS 规则通过属性与属性值来共同设定。属性名称是 CSS 的关键字，如 font-family（字体）、font-size（文字大小）、display（显示属性）和 color（颜色）等。属性用于指定元素某一方面的特性，具体采用属性值描述。

样式表的建立要符合 CSS 规则，它们被定义成以下形式的语法。

　　　　标志{属性 1:属性值 1;属性 2:属性值 2;属性 3:属性值 3;…}

下面是样式表的一个简单实例：

```
P{background-color:red;font-size:12pt;color:black}
```

上面分别设置了背景色、字体大小及字体颜色等。在 CSS 中，有些属性可以表示多个属性的值，如字体设置有 font-family（字体）、font-size（文字大小）、font-style（字体风格），这些都是用 font 属性来表示。例如：

```
P1{font-size:16pt;font-family:'宋体';font-style:italic}
```

CSS 是一个纯文本文件，一般以.css 作为扩展名，它的内容包含一组告诉浏览器如何安排与显示特定 XML 文件中元素的规则。在 XML 文档中，CSS 文件的使用分为内部 CSS 的使用、外部 CSS 的使用以及内外 CSS 的使用，在 4.1.3 节中进行详细的介绍。

4.1.2　CSS 的相关属性

CSS 的功能是设定 XML 中各元素的显示格式，显示格式的指定又依赖于特定的属性。排版相关的属性决定了 XML 中各元素的排版方式，属性是 CSS 的重点。下面介绍一些相关属性。

1. 设置字体属性

通常 XML 文档中最主要的信息由文本信息构成。文字和符号是存储信息的主要载体。

1）font 属性集分类

font 属性用于设置字体的风格、大小、亮度等参数。该属性由 CSS 定义，font 属性的常见子属性见表 4.1。

表 4.1　font 属性的常见子属性

属　　性	说　　明	属　　性	说　　明
font-family	指定字体的字型	font-variant	指定字体全为大写字母
font-style	指定字体的风格	font-size	指定字体的大小
font-weight	指定字体的亮度	font-stretch	指定字体的压缩或拉伸方式

2）font 属性的用法

font 属性的使用示例如下：

```
element{font-style:italic;
font-size: "20pt";
font-family: "楷体_gb2312";}
```

在示例中，前面是被指定格式的 XML 元素的名称。在字体样式设定中，声明了字体风格是斜体，字体大小是 20 像素，字型为国标楷体。

2. 设置色彩和背景图像属性

没有色彩的页面即使做得再精致也缺乏吸引力。CSS 中对于色彩和图像的设定功能比较完善和强大。下面介绍 CSS 中添加色彩属性的定义。

1）color 属性

color 属性用于设置字体元素的色彩参数。该属性由 CSS 标准定义，其中颜色名称参数对应的色彩数值见表 4.2。

表 4.2　颜色名称参数对应色彩数值

颜色	十进制 RGB	十六进制 RGB	RGB 百分数
纯红	RGB(255,0,0)	#FF0000	RGB(100%,0%,0%)
纯蓝	RGB(0,0,255)	#0000FF	RGB(0%,0%,100%)
纯绿	RGB(0,255,0)	#00FF00	RGB(0%,100%,0%)
白色	RGB(255,25,255)	#FFFFFF	RGB(100%,100%,100%)
黑色	RGB(0,0,0)	#000000	RGB(0%,0%,0%)
浅紫	RGB(255,204,255)	#FFCCFF	RGB(100%,80%,100%)
浅灰	RGB(153,153,153)	#999999	RGB(60%,60%,60%)
褐色	RGB(153,102,51)	#996633	RGB(60%,40%,20%)
粉红	RGB(255,204,204)	#FFCCCC	RGB(100%,80%,80%)
橙色	RGB(255,204,0)	#FFCC00	RGB(100%,80%,0%)

2）background 属性集

background 属性集用于对指定元素的背景进行设置，如色彩、图案等，见表 4.3。

表 4.3　background 属性集中常见的子属性

属性	说　　明
background-color	用于对指定元素设置背景颜色
background-image	用于对指定元素设置背景图案
background-repeat	在背景图案小于指定元素情况下，是否使用重复填充图案
background-attachment	用于对指定设置的背景图案在元素滚动时是否一起滚动
background-position	用于对指定背景图案的起始位置

3. 设置边界属性

CSS 提供方框边界属性，对元素中文本的版面进行设置，它能够设置元素在文件中的位置，在元素周围添加边框并设置边框的样式、大小，还可以控制相邻元素的位置。

1）设置边框属性

CSS 中设置边框属性的主要是 border-style，用于设置边框的样式，可取值为 none、dotted、dashed、solid、double、groove、ridge、inset、outset，各取值的含义见表 4.4。

表 4.4　border-style 各属性值的含义

属性	描　　述	属性	描　　述
none	不显示边框，为默认值	groove	3D 陷入线
dotted	点线	ridge	3D 山脊线状
dashed	虚线	inset	使页面有沉入感
solid	实线	outset	使页面有浮出感
double	双线		

表 4.5　border-width 各属性值的含义

属性	描述
thin	细线边框
medium	中等边框
thick	粗线边框

border-width 属性用于设置边框的宽度，可取值为 thin、medium、thick 或指定尺寸，各取值的含义见表 4.5。

border-color 属性用于设置边框颜色，可取值为颜色名或 RGB 值，默认边框和元素的颜色相同。

2）设置 padding 属性

设置元素内边距的宽度。在边框属性设置完后，元素内容与元素边框的距离会过于接近，为了解决这个问题需要设置 padding 属性，使得边框与元素之间的距离不会太靠近，从而提高显示时的美感，可对以下属性进行设置：padding-top、padding-bottom、padding-left、padding-right，依次表示设置元素与顶部、底部、左边框、右边框之间的距离。

3）设置边框大小属性

CSS 设置边框大小的属性为 width 和 height，取值为 auto、指定大小或父元素宽度的百分比。当 width 和 height 取值为 auto 时，表示根据元素大小自动调整 width 和 height 的取值。

4）设置定位属性

CSS 定位属性允许用户对元素进行定位，把元素放置到一个静态的、相对的、绝对的位置中。定位属性含义见表 4.6。

表 4.6　定位属性的含义

定位属性	描述
absolute	生成绝对定位的元素，相对于 static 定位以外的第一个父元素进行定位
fixed	生成绝对定位的元素，相对于浏览器窗口进行定位
relative	生成相对定位的元素，相对于其正常位置进行定位
static	默认值，默认布局

5）设置外边距属性

默认情况下，元素的外边距为 0。CSS 中设置外边距的属性有 margin-top、margin-bottom、margin-left、margin-right，依次表示设置元素的上外边距、下外边距、左外边距、右外边距。设置外边距可以使用指定大小的数值，例如：

```
resume
{margin-top:3em
margin-bottom:3em}
```

设置 resume 的上外边距和下外边距，其宽度为当前文本内字体尺寸的 3 倍，还可以用父元素宽度的百分数来设置外边距，例如：

```
resume
{margin-top:50%
margin-bottom:50%}
```

设置 resume 的上外边距和下外边距，其宽度为父元素宽度的 50%。

4.1.3　CSS 的使用方法

XML 文档提供一种保存数据的方式，CSS 文件则提供了各种数据的显示格式。文档数据显示时，必须在 XML 文档中调用相应的 CSS 格式定义。在 XML 文档中，CSS 文件的使用方法分为内部 CSS 使用、外部 CSS 使用及内外 CSS 使用，下面简单介绍这 3 种方法。

1. 内部 CSS 使用

这种方式将 CSS 嵌入到 XML 文件当中，每批 CSS 样式只对一个 XML 文档有效。一般不建议使用这种方式，因为这种内部 CSS 样式有三大劣势：

(1) 如果这些 CSS 样式需被其他 XML 文档使用，必须在其他 XML 文档中重复定义。

(2) 大量的 CSS 嵌套在 XML 文档中，导致 XML 文档过大。

(3) 如果需要修改风格，必须依次对每个文档重复进行修改。

2. 外部 CSS 使用

XML 文档中通过引用外部 CSS 来定义文档的表现形式。大部分 XML 文档都采用这种方式，这与 XML 的内容与形式分开的原则一致。具体实现方法是在 XML 文档的开头部分写如下声明语句：

```
<?xml-stylesheet type="text/css" href="mycss.css"?>
```

这是一个 xml-stylesheet 处理指令，"<?"代表指令的开始，"?>"代表指令的结束，xml-stylesheet 为 XML 文档添加样式表，type="text/css"指定样式表的类型是 CSS，href 属性的值是一个 URL，表示该 CSS 文档在 Internet 上所保存的位置。这样，按照声明语句的指示，该文档在浏览器上的表现方式就由本地目录的样式文件 mycss.css 所决定了。也可以使用完整的 URL 指定 CSS 文件，例如：

```
<?xml-stylesheet type="text/css"
href=http://www.myhome.com/file/mycss.css>
```

通常情况下，将处理指令加到 XML 头部声明的后面。XML 解析器在处理时如果顺利找到指定 CSS 文件，则按照其中定义的格式显示 XML 文档；如果没有找到该 CSS 文件或其中定义的格式不可识别，则直接显示 XML 文档的节点内容。

3. 内外 CSS 使用

综合使用上述两种方法给 XML 文档添加样式。如果两种方法所添加的样式中有规则发生矛盾，应该以内部方法定义的规则为准。

4.2　XSL

4.2.1　XSL 简介

1. XSL 概述

可扩展样式表语言(eXtensible Stylesheet Language，XSL)最早由万维网联盟于 1999 年提出。它定义如何转换和表示 XML 文档，比 CSS 功能强大得多。XSL 能够向输出文件里添加新元素或者移动元素，也能够重新排列或者索引数据，可以检测并决定哪些元素被显示、显示多少等。

　　XSL 由两部分组成：第一部分是可扩展样式表转换语言（Extensible Stylesheet Language Transformations，XSLT），可以把 XML 文档从一种格式转换为另一种格式。它使用 XPath 匹配节点，把一个 XML 文档转换为另一个 XML、HTML、无格式文本或任何其他基于文本的文档。第二部分是 XSL 格式化对象（XSL Formatting Objects，XSL-FO）。XSL-FO 提供了另一种方式的 CSS 来格式化 XML 文档以及把样式应用到 XML 文档上。XSL 在转换 XML 文档时分为两个过程，首先转换文档结构，其次将文档格式化输出。这两步可以分离开来单独处理，XSL 在发展过程中也逐渐分裂为 XSLT（结构转换）和 XSL-FO（格式化输出）两种分支语言，其中 XSL-FO 的作用类似 CSS 在 HTML 中的作用。

　　2. XSL 的意义

　　XML 是一种计算机程序间交换原始数据的简单标准方法。它的成功不在于容易被人们书写和阅读，更重要的是从根本上解决了应用系统间的信息交换问题。因为 XML 满足以下两个基本的需求。

　　(1) 将数据和表示形式分离。例如，天气预报的信息可以显示在电视、手持式移动电话机或者其他不同设备上，XML 的显示或表现形式可以是多样的。

　　(2) 在不同应用之间传输数据。例如，电子商务数据交换的与日俱增使得这种需求越来越紧迫。

　　为使数据便于人们的阅读和理解，需要将信息显示或者打印出来，如将数据变成一个 HTML 文件，一个 PDF 文件，甚至是一段声音。为使数据适合不同的应用程序，必须能够将一种数据格式转换为另一种数据格式，XSLT 是用来实现这种转换功能的语言。将 XML 转换为 HTML，是目前 XSLT 最主要的功能。

4.2.2　XSLT

　　1. XSLT 简介

　　XSLT 提供一套规则将一组元素描述的 XML 数据转换为另一组元素描述的文档，或者将该数据转换为一种自定义的文本格式。例如，员工的数据 XML 文档，通过 XSLT 转换，在公司的网站中会以 HTML 的格式输出显示，会计工作人员则只需要转换成自定义的文本格式员工数据。原则上 XSLT 可以把一个 XML 文档转换为任何输出格式，常见的输出格式是 XML 或 HTML。最简单的 XSLT 应用情况涉及两个文档：包含原始数据的 XML 文档和用来转换该文档的 XSLT 转换文档。XSLT 处理器将 XML 文档输入，根据 XSLT 文档作为模板进行转换，最终输出需要的文档，过程如图 4.1 所示。

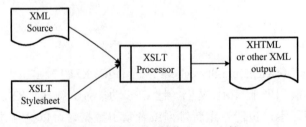

图 4.1　使用 XSL 转换 XML 文档

一些可能的 XSLT 应用包括：

（1）将 XML 文档转换为 HTML，用以实现与现有浏览器之间的兼容。

（2）以查看为目的添加元素，如向 XML 格式的订单中添加公司标志或发送者的地址。

（3）从 XML 文档中提取信息，如向管理人员提供详细的信息，对普通员工提供有限的信息。

（4）在源文档与目标文档之间进行转换，如将公司专用的文档转换为符合业界标准的文档。

2. XSLT 与 CSS 比较

CSS 虽然能够很好地控制输出的样式，如色彩、字体、大小等，但是控制 XML 文档的可视化布局结构的能力十分有限，具体表现为：

（1）CSS 不能重新排序文档中的元素。

（2）CSS 不能判断和控制哪个元素被显示，哪个不被显示。

（3）CSS 不能统计元素中的数据。

CSS 的优点是简洁，消耗系统资源少。XSLT 虽然功能强大，但因为要重新遍历 XML 结构树，所以消耗内存比较多。因此常将它们结合起来使用，如在服务器端用 XSLT 处理文档，在客户端用 CSS 来控制显示，可以减少响应时间。

3. XSLT 模板

模板，作为 XSLT 中最重要的概念之一，表示将同样的格式应用于一个 XML 文档的重复元素。每个模板含有当某个指定的节点被匹配时所应用的规则。可将模板看作一个模块，不同模块完成不同的文档格式转换。xsl:template 元素定义了一个模板，其使用语法如下：

```
<xsl:template match="expression" name="name" priority="number"
mode="mode">
</xsl:template>
```

属性说明：

match：用于确定该模板所匹配的 XML 节点。

name：定义模板的名称。

priority：用于指定模板的优先级。

mode：用于为模板规定模式。

当 XSLT 处理器转换 XML 文档时，处理器将遍历 XML 文档的树状结构，浏览每个节点，并将浏览的节点与已定义的模板进行匹配。如果有相符的则运用对应的模板显示节点内容，如果无模板匹配的节点则按文本形式显示对应的内容。模板通常包含了一些元素指令、新的数据，或者从源 XML 文档中复制的数据。

多个模板可匹配一个节点，由模式和优先级属性的复杂规则确定应由哪个模板来处理节点。最简单的 XSLT 文档只包含匹配给定节点的一个模板。

4. XSLT 内置模板规则

XSLT 样式单就是一系列的 <template.../> 元素定义的样式定义，如果该样式里定义的模板没有任何动态的内容（没有其他 xslt 标签），该模板所匹配的 XML 节点将被直接替换成它所包含的内容。

如果定义 XSLT 模板规则时忘记了为某个节点定义模板规则，则 XSLT 不会忽略对该节点的转换，XSLT 内置的几个通用内置模板规则就会起作用。

(1)XSLT 内置的第 1 条模板规则可以匹配所有节点和根节点：

```
<xsl:template match="*|/">
<xsl:apply-templates/>
</xsl:template>
```

这条模板规则通知 XSLT 处理器依次处理当前节点集所包含的每个节点。如果对某个节点无须特殊处理，只是希望 XSLT 依次处理它所包含的每个节点，则该节点就无须定义任何模板规则，使用这个内置模板规则即可。

如果开发者为某个元素节点或根节点指定了自己的模板规则，这条内置的模板规则就会失效，因为开发者定义的模板规则总是具有更高的优先级。

(2)XSLT 内置的第 2 条模板规则也可以匹配所有节点和根节点，只不过这条模板规则指定了 mode 属性：

```
<xsl:template match="*|/" mode="m">
<xsl:apply-templates/ mode="m"/>
</xsl:template>
```

如果该 XSLT 样式单文档中找不到匹配的样式定义，则 XSLT 自动应用如下模板规则：

```
<xsl:template match="*|/" mode="abc">
<xsl:apply-templates/ mode="abc"/>
</xsl:template>
```

(3)XSLT 内置的第 3 条模板规则可以匹配所有文本节点和属性节点，直接输出文本节点和属性节点的文本内容：

```
<xsl:template match="text()|@*">
<xsl:value-ofselec="."/>
</xsl:template>
```

(4)XSLT 内置的第 4 条模板规则可以匹配所有处理指令和注释：

```
<xsl:template match="processing-instruction()|comment()"/>
```

这条模板规则对处理指令和注释不作任何处理，这意味着如果 XSLT 没有对处理指令和注释定义模板规则，则 XSLT 不会输出指令和注释里面包含的数据。

4.2.3　XPath

XPath 是 XSLT 的重要组成部分，是一种专门用来在 XML 文档中查找信息的语言。XPath在XML 文档中对元素和属性进行遍历，是 W3C XSLT 标准的主要元素，对 XPath 的理解是很多高级 XML 应用的基础。

XPath 隶属于 XSLT，因此通常会将 XSLT 语法和 XPath 语法混在一起阐述。如果将XML 文档看作数据库，那么 XPath 就是 SQL 查询语言；如果将 XML 文档看作 DOS 目录结构，那么 XPath 就是 cd、dir 等目录操作命令的集合。

在 XSLT 中，XPath 表达式返回 4 种类型值：节点集合、布尔值、数字和字符串，通常是返回节点集合或者字符串。例如，xsl:template match="chapter"定义了当前节点上下文中针对 chapter 节点的模板。在这种情况之下，XPath 表达式 chapter 即可返回节点集合作为以后 XSL 函数可用新的上下文。在 chapter 节点模板内的<xsl:value-of select="title"/>代码中，XPath 表达式将把当前上下文中任何 title 节点的原始内容以字符串的形式返回。

1. 节点导航

XPath 导航的外观和行为完全与文件系统导航一模一样。斜线分隔父子节点：chapter/title，代表只在当前的 chapter 节点内直接检索 title 节点。

与来检索目录层次的文件系统语法类似，XPath 可检索节点的父节点："../title"，会指向当前节点的父节点内的 title 节点。与文件系统不同的是，XPath 经常遇到多个同名且同类型的节点，而在文件系统中，导航同一位置不可能出现两个同名且同类型的文件。因此XPath 的定位，如 chapter/paragraph，经常索引多个节点而非一个节点。

在文件系统中，路径可以采用绝对定位的方式。在 XPath 中，路径通常开始于当前上下文，也可使用斜线"/"指向文档的根，如"/book/title"能返回顶级 book 节点内的 title 节点。

双斜线"//"是节点的通配路径。例如，<xsl:template match="//title">返回文档内各个位置的<title>节点而不论其是否在"/book/title"还是位于"/book/chapter/title"。双斜线还可以位于路径的中间，如"/book//title"则返回 book 节点下所有的<title>节点。在路径的末尾加一个星号"*"则返回所有当前路径下所有的节点，这与文件系统通配符的用法完全一样。在上面的例子中，"/book/chapter/*"可以同时检索出<book>根节点下的<chapter>节点下的所有节点，而路径"//*"则返回文档中的所有节点。

2. 访问数据

XPath 使用路径表达式来选取 XML 文档中的节点或节点集。@指节点的标记属性。假设 chapter 有 type 属性，按@type 的方式就可访问。如果要从文档的任何地方访问它，访问路径应该写成"/book/chapter/@type"。

采用方括号标识的下标可从一个集合中选出一个节点，类似数组下标。集合中第一个节点的编号是 1，而不是大多数编程语言中规定的 0。如果只选出第二个 chapter，可以用形如"/book/chapter[2]"的 XPath 表达式。

同时，也可以把上述方法组合起来按照其属性值选择节点，在条件为真时才返回节点。条件包含在方括号中，跟在要应用条件的元素之后。

XPath 访问节点数据的特殊字符用法如表 4.7 所示。

表 4.7　XSL 匹配中使用的特殊字符

特殊符号	含　　义	范例	说　　明
//	循环下降。符号后余下的部分可能与文档中的任何节点相匹配	item//itemName	匹配 <item> 节点下，只要有<itemName>子节点
@	前缀，表示接紧接着的名称指向一个属性	book/@isbn	<book>节点的 isbn 属性
[ ]	可以在其内指定元素或属性，也可加上额外的测试条件	book[@isbn]	<book>节点下有 isbn 属性的节点
|	与多个节点匹配	book|title	与<book>或<title>匹配
.	当前节点	.	取得当前节点

3. 高级方法

XPath 除了导航和数据提取，还提供了字符计数、变量设置、基本数学计算、找出最近元素以及其他多种类型的模式匹配等函数。例如，如果在转换时只关心当前节点名称为 contactInfo 的节点，显示顾客联系信息，那么可以这样使用：

[.!nodeName()='contactInfo']

常用的 XPath 函数如表 4.8 所示。

表 4.8 一些 XPath 函数

函数	含　　义
nodeName	返回节点的确定名称
nodeType	返回表示被选择节点类型的数值

4.2.4 XSL-FO

可扩展样式表语言格式化对象(XSL Formatting Objects，XSL-FO)是用于格式化 XML 数据的语言。XSLT 只是一种转换机制，需要使用 XSL 样式表来描述如何对文档进行格式化。在实际操作中，混合使用 XSLT 和 HTML 来编写一本具有特定排版格式的书是不可能实现的，于是就出现了 XSL-FO 来解决这个问题。就 XSL-FO 格式本身来说，可以看成是一种排版格式。一个完整的 XSL-FO 文档包含信息内容及控制信息显示方式的版式，其对信息描述方法的多样性可完全媲美于目前常用的文档格式，如 pdf、ps、doc 等。目前能体现 XSL-FO 强大功能的浏览工具并不多。

XSL-FO 更重要的功能是，与 XSLT 共同控制 XML 数据的显示方式。通常，XSLT 用于描述怎样转换 XML 元素，而 XSL-FO 用于描述怎样表示 XML 文档内容。设计良好的 XSL(这里指 XSLT + XSL-FO)可以作为模板用于修饰功能相近的多个 XML 文档，这给重复性数据(如数据库等)的排版显示带来了操作上的方便。

XSL-FO 不仅仅是一种传统的排版格式，还是一种基于 Web 的排版格式。XSL-FO 的目的之一就是在网络上进行复杂文档的分页处理、大文档和复杂排版格式的处理以及网络打印等。

从目前的使用情况来看，XSL-FO 可应用于下列领域：政府公文传输排版系统、政府公文集中打印系统、保险行销系统、市场调查分析用户报告生成系统、PDF 自动发稿系统、报表管理系统、周刊杂志的页排版、技术手册的制作等。

若想使用 XSL-FO，相应的工具是必不可少的，主要包括 XSL-FO 编辑工具及 XSL-FO 处理工具。由于 XSL-FO 是 XML 系列的组成部分，本身符合 XML 语法规则，所以 XML 的编辑工具可用于编辑 XSL-FO。目前可使用的编辑工具主要有 XML Spy、XSL Fast、Tag Editor 等。XSL-FO 处理工具用于对 XSL-FO 进行显示、转换等处理。

4.3　本　章　小　结

本章分为两部分，分别介绍了控制 XML 显示的两种常用的样式单：XSL 和 CSS。第一部分先从 CSS 的概念和背景知识入手，通过建立具体的 CSS 样式文件，介绍了 CSS 的基本结构和语法特点；接着对 CSS 的相关属性及其参数做了具体的介绍；然后叙述了 CSS 的三种使用方法。第二部分详细介绍了如何使用 XSL 来控制 XML 的显示，首先介绍了 XSL 和 XSLT 的概念和关系；再对 XSLT 的模板和内置模板规则做详细的描述；接着介绍了如何使用 XPath 在 XML 文档中查找信息；最后叙述了如何使用 XSL-FO 对 XML 文档进行格式化。

第 5 章　XML 解析

当 XML 文档作为数据交换工具时，应用程序必须采用合适的方式来获取 XML 文档里包含的有用信息。为了有效地获取 XML 中存储的信息，目前有以下几类解析 XML 的方式：第一类是基于 XML 文档树结构的解析，如 DOM（Document Object Model）；第二类是基于流式的解析，如 SAX（Simple API for XML）、StAX（Stream API for XML）和 XPP（XML Pull Parser）；第三类是基于非提取式的解析，如 VTD-XML（Virtual Token Description for XML）。本章节主要介绍 DOM、SAX 解析方式，以及 DOM4J（DOM for java）解析工具。

5.1　DOM

5.1.1　DOM 简介

1. DOM 概述

文档对象模型（Document Object Model，DOM）是 W3C（万维网联盟）的标准，它是一种平台和语言无关的接口，允许程序和脚本动态地访问和更新文档的内容、结构和样式。DOM 定义了访问 HTML 和 XML 文档的标准。W3C DOM 标准被分为 3 个不同的部分：

（1）核心 DOM：针对任何结构化文档的标准模型。

（2）XML DOM：针对 XML 文档的标准模型。

（3）HTML DOM：针对 HTML 文档的标准模型。

本小节主要介绍 XML DOM（以下简称 DOM），DOM 将 XML 视为由对象组成，每个对象具有 DOM 接口提供的方法和属性。通过文档对象模型，应用程序开发人员可以新建文档，遍历文档，增加、修改和删除文档中的元素和内容。

DOM 的核心是在内存中建立和 XML 文档相对应的树状结构，XML 文件的标记、标记中的文本数据等都会和内存中树状结构的某个节点相对应。使用 DOM 对 XML 文件进行解析时，DOM 首先把 XML 文件转换成 DOM 节点树（DOM 把 XML 文档视为一种树结构。这种树结构被称为节点树）。其中将整个 XML 文档为 DOM 树的根节点，成为 Document 节点；然后按照层次关系将 XML 文档的组成元素（包括元素、属性、文本、CDATA 段、注释、文档类型声明、实体等）分别映射为 Document 节点的子节点。

```
<?xml version="1.0" encoding="GB2312"?>
<所有班级>
        <班级信息班号="1416001">
            <班级名称>软件班</班级名称>
            <班级人数>30</班级人数>
        <班级信息>
        <!--其他班级信息-->
</所有班级>
```

　　DOM 会首先把上面的 XML 文件转换成如图 5.1 所示的 DOM 树。根元素<所有班级>是 Document 节点的子节点。该节点下面包含一个元素子节点<班级信息>和一个注释节点。<班级信息>节点下面又包含两个元素子节点<班级姓名>和<班级人数>，以及一个用于保存班号信息的属性节点。在节点<班级名称>和<班级人数>下面，又分别包含用于描述相应信息的文本节点。

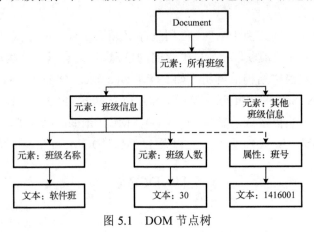

图 5.1　DOM 节点树

2. 节点类型

　　表 5.1 列出了不同的节点类型，以及它们可拥有的子元素。

表 5.1　节点类型

节点类型	描　述	子　元　素
Document	表示整个文档(DOM 树的根节点)	Element ProcessingInstruction Comment DocumentType
DocumentFragment	表示轻量级的 Document 对象，其中容纳了一部分文档	ProcessingInstruction Comment Text CDATASection EntityReference
DocumentType	向为文档定义的实体提供接口	None
ProcessingInstruction	表示处理指令	None
EntityReference	表示实体引用元素	ProcessingInstruction Comment Text CDATASection EntityReference
Element	表示 element(元素)元素	Text Comment ProcessingInstruction CDATASection EntityReference
Attr	表示属性	Text
Text	表示元素或属性中的文本内容	None
CDATASection	表示文档中的 CDATA 区段(文本不会被解析)	None
Comment	表示注释	None
Entity	表示实体	ProcessingInstruction Comment Text CDATASection EntityReference
Notation	表示在 DTD 中声明的符号	None

下面分别介绍 DOM 节点具体说明、DOM 节点的属性以及对 DOM 节点的操作方法（JavaScript 中定义的方法）：

1）Document 节点

DOM 的解析方法将整个被解析的 XML 文件封装成一个 Document 节点返回，应用程序可以从该节点的子孙节点中获取整个 XML 文件中数据的细节。

Document 节点的两个直接子节点的类型分别是 DocumentType 类型和 Element 类型，其中的 DocumentType 对应着 XML 文件所关联的 DTD 文件，通过进一步获取该节点子孙节点来分析 DTD 文件中的数据；而其中的 Element 对应着 XML 文件的根节点，通过进一步获取该 Element 类型节点的子孙节点来分析 XML 文件中的数据。表 5.2 列出了 Document 节点中的属性，表 5.3 列出了 JavaScript 中定义的常用方法。

表 5.2　Document 节点属性

属　　　性	描　　　述
async	规定 XML 文件的下载是否应当被同步处理
childNodes	返回属于文档的子节点的节点列表
doctype	返回与文档相关的文档类型声明(DTD)
documentElement	返回文档的根节点
documentURI	设置或返回文档的位置
domConfig	返回 normalizeDocument()被调用时所使用的配置
firstChild	返回文档的首个子节点
implementation	返回处理该文档的 DOMImplementation 对象
inputEncoding	返回用于文档的编码方式(在解析时)
lastChild	返回文档的最后一个子节点
nodeName	依据节点的类型返回其名称
nodeType	返回节点的节点类型
nodeValue	根据节点的类型来设置或返回节点的值
strictErrorChecking	设置或返回是否强制进行错误检查
text	返回节点及其后代的文本(仅用于 IE)
xml	返回节点及其后代的 XML(仅用于 IE)
xmlEncoding	返回文档的编码方法
xmlStandalone	设置或返回文档是否为 standalone
xmlVersion	设置或返回文档的 XML 版本

表 5.3　Document 节点常用方法

方　　　法	描　　　述
adoptNode(sourcenode)	从另一个文档向本文档选定一个节点，然后返回被选节点
createAttribute(name)	创建拥有指定名称的属性节点，并返回新的 Attr 对象
createAttributeNS(uri,name)	创建拥有指定名称和命名空间的属性节点，并返回新的 Attr 对象
createCDATASection()	创建 CDATA 区段节点
createComment()	创建注释节点
createDocumentFragment()	创建空的 DocumentFragment 对象，并返回此对象
createElement()	创建元素节点
createElementNS()	创建带有指定命名空间的元素节点
createEvent()	创建新的 Event 对象

方　　法	描　　述
createEntityReference(name)	创建 EntityReference 对象，并返回此对象
createExpression()	创建一个 XPath 表达式以供稍后计算
createProcessingInstruction()	创建 ProcessingInstruction 对象，并返回此对象
createRange()	创建 Range 对象，并返回此对象
evaluate()	计算一个 XPath 表达式
createTextNode()	创建文本节点
getElementById()	查找具有指定的唯一 ID 的元素
getElementsByTagName()	返回所有具有指定名称的元素节点
getElementsByTagNameNS()	返回所有具有指定名称和命名空间的元素节点
importNode()	把一个节点从另一个文档复制到该文档以便应用
loadXML()	通过解析 XML 标签字符串来组成文档
normalize()	合并相邻的 Text 节点并删除空的 Text 节点
renameNode()	重命名元素或者属性节点

2）Element 节点

Element 对象表示 XML 文档中的元素。元素可包含属性、其他元素或文本。如果元素含有文本，则在文本节点中表示该文本。表 5.4 详细列出了 Element 节点所包含的属性，表 5.5 所示为 Element 节点常用的方法。

表 5.4　Element 节点属性

属　　性	描　　述
attributes	返回元素的属性的 NamedNodeMap
baseURI	返回元素的绝对基准 URI
childNodes	返回元素的子节点的 NodeList
firstChild	返回元素的首个子节点
lastChild	返回元素的最后一个子节点
localName	返回元素名称的本地部分
namespaceURI	返回元素的命名空间 URI
nextSibling	返回元素之后紧跟的节点
nodeName	返回节点的名称，依据其类型
nodeType	返回节点的类型
ownerDocument	返回元素所属的根元素（Document 对象）
parentNode	返回元素的父节点
prefix	设置或返回元素的命名空间前缀
previousSibling	返回元素之前紧随的节点
schemaTypeInfo	返回与元素相关联的类型信息
tagName	返回元素的名称
textContent	设置或返回元素及其代代的文本内容
text	返回节点及其代代的文本（仅用于 IE）
xml	返回节点及其代代的 XML（仅用于 IE）

表 5.5　Element 节点常用方法

方　　法	描　　述
appendChild (node)	向节点的子节点列表末尾添加新的子节点
cloneNode (include_all)	克隆节点
compareDocumentPosition (node)	比较两节点的文档位置
dispatchEvent (evt)	给节点分派一个合成事件
getAttribute (name)	返回属性的值
getAttributeNS (ns,name)	返回属性的值
getAttributeNode (name)	以 Attribute 对象返回属性节点
getAttributeNodeNS (ns,name)	以 Attribute 对象返回属性节点
getElementsByTagName (name)	找到具有指定标签名的子孙元素
getElementsByTagNameNS (ns,name)	找到具有指定标签名和命名空间的元素
getFeature (feature,version)	返回 DOM 对象,此对象可执行拥有指定特性和版本的专门的 API
getUserData (key)	返回关联节点上键的对象。此对象必须首先通过使用相同的键来调用 setUserData 来设置到此节点
hasAttribute (name)	返回元素是否拥有指定的属性
hasAttributeNS (ns,name)	返回元素是否拥有指定的属性
hasAttributes ()	返回元素是否拥有属性
hasChildNodes ()	返回元素是否拥有子节点
insertBefore (new_node,existing_node)	在已有的子节点之前插入一个新的子节点
isDefaultNamespace (URI)	返回指定的命名空间 URI 是否为默认
isEqualNode (node)	检查两节点是否相等
isSameNode (node)	检查两节点是否为同一节点
isSupported (feature,version)	返回指定的特性是否在此元素上得到支持
lookupNamespaceURI (prefix)	返回匹配指定前缀的命名空间 URI
lookupPrefix (URI)	返回匹配指定的命名空间 URI 的前缀
normalize ()	合并相邻的 Text 节点并删除空的 Text 节点
removeAttribute (name)	删除指定的属性
removeAttributeNS (ns,name)	删除指定的属性
removeAttributeNode (node)	删除指定的属性节点
removeChild (node)	删除子节点
replaceChild (new_node,old_node)	替换子节点
setUserData (key,data,handler)	把对象关联到元素上的键
setAttribute (name,value)	添加新属性
setAttributeNS (ns,name,value)	添加新属性
setAttributeNode (att_node)	添加新的属性节点
setAttributeNodeNS (attrnode)	添加新的属性节点
setIdAttribute (name,isId)	如果 Attribute 对象 isId 属性为 true,则此方法把指定的属性声明为一个用户确定 ID 的属性 (user-determined ID attribute)
setIdAttributeNS (uri,name,isId)	如果 Attribute 对象 isId 属性为 true,则此方法把指定的属性声明为一个用户确定 ID 的属性 (user-determined ID attribute) (带有命名空间)
setIdAttributeNode (idAttr,isId)	如果 Attribute 对象 isId 属性为 true,则此方法把指定的属性声明为一个用户确定 ID 的属性 (user-determined ID attribute)

　　鉴于篇幅,本节不一一说明以上各个节点的属性、方法及参数,请读者自行查询 W3C 标准。

3）Text 节点

在 DOM 规范中，DOM 使用 Element 节点封装标记，用 Text 节点封装标记的文本内容，即 Element 节点可以有 Element 子节点和 Text 子节点。例如，对于下列标记：

```
<姓名>张三
    <性别>男</性别>
    <年龄>23</年龄>
</姓名>
```

该标记对应的 Element 节点共有 7 个子孙节点，其中 2 个 Element 子节点、3 个 Text 子节点和 2 个 Text 孙节点。这些节点和 XML 中的标记及文本有如下的对应关系。2 个 Element 子节点分别对应"姓名"标记的 2 个子标记："性别"和"年龄"。3 个 Text 子节点分别对应着："<姓名>"与"<性别>"之间的文本、"<性别>"与"<年龄>"之间的空白类字符、"</年龄>"与"</名>"之间的空白类字符。两个 Text 孙节点分别对应标记"性别"和"年龄"的文本内容，如图 5.2 所示。

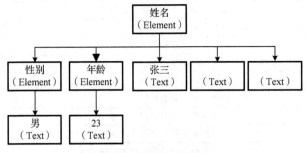

图 5.2 示例 DOM 树

4）CDATASection 节点

在 XML 文件中，标记内容中的文本数据不可以含有左尖括号、右尖括号、单引号和双引号这些特殊字符。如果想使用这些字符，则通过实体引用，但特殊字符较多时，文本数据中就会出现很多实体引用或字符引用，导致阅读困难。使用 CDATA（Character Data）段可以解决这一问题，CDATA 段用"<![CDATA["作为段的开始，用"]]>"作为段的结束，段开始和段结束之间称为 CDATA 段的内容，DOM 不对 CDATA 段的内容作分析处理，因此 CDATA 段中的内容可以包含任意的字符。

在 DOM 规范中，DOM 使用 CDATASection 节点封装 CDATA 段，CDATASection 节点可以是 Element 节点的子节点。例如，下列标记中含有普通字符数据和 CDATA 段。

```
<hi>南京
    <![CDATA[boolean boo=true&&false<你好>]]>
        南京航空航天大学
    <![CDATA[<大家好>]]>
</hi>
```

当一个标记的文本内容中含有 CDATA 段时，该标记对应的 Element 节点就会有 Text 子节点和 CDATASection 子节点，节点数目的计算办法如下。

首先将标记中交替出现的普通文本和 CDATA 段按照它们在标记中出现的先后顺序排列，如普通文本 1，CDATA 段 1，普通文本 2，CDATA 段 2，普通文本 3，那么该标记的 Element 节点的子节点顺序如下。

（1）Text 节点：从"普通文本 1"到"普通文本 3"的区域，节点的文本内容是普通文本和 CDATA 段中的内容。

（2）CDATASection 节点：从"CDATA 段 1"到"普通文本 3"的区域，节点的文本内容是普通文本和 CDATA 段中的内容。

（3）Text 节点：从"普通文本 2"到"普通文本 3"的区域，节点的文本内容是普通文本和 CDATA 段中的内容。

（4）CDATASection 节点：从"CDATA 段 2"到"普通文本 3"的区域，节点的文本内容是普通文本和 CDATA 段中的内容。

上述的标记"hi"对应的 Element 节点有 5 个子节点，其中 3 个 Text 节点，2 个 CDATASection 节点。

5）Attr 节点

Attr 对象表示 Element 对象的属性。属性的容许值通常定义在 DTD 中。Attr 也是节点，有其属性和方法，不过 Attr 无法拥有父节点，同时 Attr 也不被认为是元素的子节点。DOM 不会将 Attr 节点看成文档树的一部分，DOM 认为元素的属性是其特性，而不是一个来自于它所关联的元素的独立身份。

6）DocumentType 节点

DocumentType 节点是 Document 节点的一个子节点。DOM 的 parse 方法将整个被解析的 XML 文件封装成一个 Document 节点返回，Document 节点的两个子节点的类型分别是 DocumentType 类型和 Element 类型，其中的 DocumentType 节点对应着 XML 文件所关联的 DTD 文件，通过进一步获取该节点子孙节点来分析 DTD 文件中的数据。Document 节点调用 getDoctype()返回当前节点的 DocumentType 子节点。

5.1.2　DOM 节点操作

本节介绍 DOM 节点的操作方法。本节主要用 XML 文件 books.xml来进行分析。

```
books.xml
<bookstore>
    <book category="children">
        <title lang="en">Harry Potter</title>
        <author>J K. Rowling</author>
        <year>2005</year>
        <price>29.99</price>
    </book>
    <book category="cooking">
        <title lang="en">Everyday Italian</title>
        <author>Giada De Laurentiis</author>
        <year>2005</year>
        <price>30.00</price>
```

```
    </book>
    <book category="web" cover="paperback">
        <title lang="en">Learning XML</title>
        <author>Erik T. Ray</author>
        <year>2003</year>
        <price>39.95</price>
    </book>
    <book category="web">
        <title lang="en">XQuery Kick Start</title>
        <author>James McGovern</author>
        <author>Per Bothner</author>
        <author>Kurt Cagle</author>
        <author>James Linn</author>
        <author>Vaidyanathan Nagarajan</author>
        <year>2003</year>
        <price>49.99</price>
    </book>
</bookstore>
```

1. </bookstore>添加节点

添加节点的方法很多，可以采用 appendChild()方法。appendChild()方法向已存在的节点添加子节点。新节点会添加(追加)到任何已存在的子节点之后。

下面的代码片段创建一个元素 edition，并把它添加到第一个 book 元素最后一个子节点后面：

```
xmlDoc=loadXMLDoc("books.xml");
newel=xmlDoc.createElement("edition");
x=xmlDoc.getElementsByTagName("book")[0];
x.appendChild(newel);
```

解释：

(1)通过使用loadXMLDoc()把 "books.xml" 载入 xmlDoc 中；

(2)创建一个新节点 edition；

(3)把这个节点追加到第一个 book 元素。

2. 删除节点

removeChild()方法用来删除指定的节点，而且该方法是唯一可以删除指定节点的方法。当一个节点被删除时，其所有子节点也会被删除，下面的程序段将从载入的 xml 删除第一个 book 元素。

```
xmlDoc=loadXMLDoc("books.xml");
y=xmlDoc.getElementsByTagName("book")[0];
xmlDoc.documentElement.removeChild(y);
```

解释:

(1)通过使用loadXMLDoc()把"books.xml" 载入 xmlDoc 中;

(2)把变量 y 设置为要删除的元素节点;

(3)通过使用 removeChild()方法从父节点删除元素节点。

3. 更改节点

在 DOM 中，每种成分都是节点，元素节点没有文本值，元素节点的文本中存储在子节点中，该节点称为文本节点，改变元素文本的方法，就是改变这个子节点的值。nodeValue 属性用于改变文本节点的值，下面的代码片段改变了第一个 title 元素的文本节点值。

```
xmlDoc=loadXMLDoc("books.xml");
x=xmlDoc.getElementsByTagName("title")[0].childNodes[0];
x.nodeValue="Hello World";
```

解释:

(1)通过使用 loadXMLDoc() 把 "books.xml" 载入 xmlDoc 中;

(2)获取第一个<title>元素的文本节点;

(3)此文本节点的节点值更改为 "Hello World"。

在 DOM 中，属性也是节点，与元素节点不同，属性节点拥有文本值，改变属性值的方法就是改变它的文本值，可以通过使用 setAttribute()方法或者属性节点的 nodevalue 属性来完成。setAttribute()方法设置已有属性的值，或者创建新的属性，下面的代码段改变 book 元素的 category 属性。

```
xmlDoc=loadXMLDoc("books.xml");
x=xmlDoc.getElementsByTagName('book');
x[0].setAttribute("category","child");
```

解释:

(1)通过使用loadXMLDoc()把 "books.xml" 载入 xmlDoc 中;

(2)获取第一个<book>元素;

(3)把 "category" 属性的值更改为 "child"。

4. 创建节点

在 DOM 中，不同的节点使用不同的方法来创建节点，一般包括以下方法:

(1)使用 createElement()来创建一个新的元素节点，并使用 appendChild()把它添加到一个节点。

```
xmlDoc=loadXMLDoc("books.xml");
newel=xmlDoc.createElement("edition");
x=xmlDoc.getElementsByTagName("book")[0];
x.appendChild(newel);
```

解释:

① 通过使用loadXMLDoc()把 "books.xml" 载入 xmlDoc 中;

② 创建一个新的元素节点 edition；

③ 向第一个<book>元素追加这个元素节点。

（2）使用 createAttribute（）来创建新的属性节点，并使用 setAttributeNode（）把该节点插入一个元素中。

```
xmlDoc=loadXMLDoc("books.xml");
newatt=xmlDoc.createAttribute("edition");
newatt.nodeValue="first";
x=xmlDoc.getElementsByTagName("title");
x[0].setAttributeNode(newatt);
```

解释：

① 通过使用loadXMLDoc（）把 "books.xml" 载入 xmlDoc 中；

② 创建一个新的属性节点 "edition"；

③ 向第一个<title>元素添加这个新的属性节点。

（3）使用 createTextNode（）来创建新的文本节点，并使用 appendChild（）把该文本节点添加到一个元素中。

```
xmlDoc=loadXMLDoc("books.xml");
newel=xmlDoc.createElement("edition");
newtext=xmlDoc.createTextNode("first");
newel.appendChild(newtext);
x=xmlDoc.getElementsByTagName("book")[0];
x.appendChild(newel);
```

解释：

① 通过使用 loadXMLDoc（）把 "books.xml" 载入 xmlDoc 中；

② 创建一个新元素节点 edition；

③ 创建一个新的文本节点，其文本是"first"；

④ 向这个元素节点追加新的文本节点；

⑤ 向第一个<book>元素追加新的元素节点。

（4）使用 createCDATAsection（）来创建 CDATA section 节点，并使用 appendChild（）把它添加到元素中。

```
xmlDoc=loadXMLDoc("books.xml");
newCDATA=xmlDoc.createCDATASection("Special Offer & Book Sale");
x=xmlDoc.getElementsByTagName("book")[0];
x.appendChild(newCDATA);
```

解释：

① 通过使用loadXMLDoc（）把 "books.xml" 载入 xmlDoc 中；

② 创建一个新的 CDATA section 节点；

③ 向第一个<book>元素追加这个新的 CDATA section 节点。

5.2　SAX

5.2.1　SAX 简介

　　SAX 是解析 XML 的一种规范，由一系列接口组成，但不是 W3C 推荐的标准，SAX 是公开的、开放源代码的。SAX 最初是由 David Megginson 采用 Java 语言开发，后来参与开发的程序员越来越多，组成了互联网上的 XML-DEV 社区，1998 年 5 月，SAX 1.0 版由 XML-DEV 正式发布。

　　SAX 是一种基于事件的解析方式，其核心是事件处理模式围绕着事件源以及事件处理器来工作。一个可以产生事件的对象被称为事件源，可以针对事件产生响应的对象被称为事件处理器。事件和事件处理器通过在事件源中的事件处理器注册的方法连接。当事件源产生事件后，调用事件处理器调用相应的处理方法处理该事件。

　　在事件源调用事件处理器中特定方法时，还要传递给事件处理器相应事件的状态信息，这样事件处理器才能据此决定自己的行为。

5.2.2　SAX 的常用接口

1.　Contenthandler 接口

ContentHandler 接口封装了一些对事件处理的方法，其中定义的常用方法有以下几种：

```
void startDocument()
void endDocument()
void startElement(String uri, String localName, String qName, Attributes atts)
void endElement(String uri, String localName, String qName)
void characters(char[] ch, int start, int length)
```

2.　DTDhandler 接口

DTDHandler 接口定义一些不常用的方法，通常在处理 DTD 时用于识别和作为一个未析实体的声明。事件处理器必须在 startDocument() 事件之后，在第一个 startElement() 事件之前处理所有的 DTD 事件。

　　DTDHandler 接口包括以下两个方法：

```
void startDocumentvoid notationDecl(String name, String publicId, String
    systemId)
void unparsedEntityDecl(String name,String publicId,String systemId,
    String notationName)
```

3.　Entityresolver 接口

EntityResolver 接口用于解析实体的基本接口，只有一个方法：

```
public InputSource resolveEntity(String publicId, String systemId)
```

SAX 将在打开外部实体前调用此方法。此类实体包括在 DTD 内引用的外部 DTD 子集、外部参数实体和在文档标记内引用的外部通用实体等。如果 SAX 应用程序需要实现自定义处理外部实体，则必须实现此接口。

4. Errorhandler 接口

ErrorHandler 接口是 SAX 错误处理程序的基本接口，用于处理 XML 文件中所出现的各种错误事件提供 3 个层次的错误处理：警告（warning）、错误（error）和致命错误（fatal error）。ErrorHandler 接口定义了 3 个方法，分别处理这 3 个层次错误。该接口的方法如下：

```
void error(SAXParseException exception)
void fatalError(SAX exception)
void warning(SAXParseException exception)
```

5.2.3　SAX 解析 XML

1. 文件的开始与结束

一个 XML 文件只能有一个开始和一个结束，因此 SAX 在解析 XML 文件时，只能向事件处理器报告一次文件开始事件和一次文件结束事件。

SAX 在解析 XML 文件时，首先报告文件开始（startDocument）事件，事件处理器就会调用 startDocument()方法处理该事件。

处理器处理完开始事件后，SAX 再陆续报告其他事件，如 startElement 事件、endElement 事件等。

最后报告的事件是文件结束（endDocument）事件，事件处理器调用 endDocument()方法处理文件结束事件。处理完文件结束事件表示文件解析结束。

程序员可以在 startDocument()方法和 endDocument()方法内按照自己的想法添加处理语句来处理开始事件和结束事件。如果不想做任何处理，可以不用重写相应的方法，因为事件处理器会继承父类的相应方法，方法内没有任何处理语句。

2. 开始标记与结束标记

当 SAX 遇到开始标记时会报告给处理器一个标记开始事件，处理器就会调用下面的方法处理：

```
void startElement(String uri,String localName,String qName,Attributes attributes)
```

各参数的意义说明如下：

uri：如果 SAX 支持名称空间，uri 表示名称空间，如果没有名称空间，uri=" "。

localName：如果 SAX 支持名称空间， localName 表示标记的名称；如果 SAX 不支持名称空间，localName = " "。

qName：如果标记带有名称空间前缀，qName 表示带有前缀的标记名称；如果没有名称空间前缀，qName 表示标记名称。

attributes：表示标记的全部属性列表。

当 SAX 遇到结束标记时会报告给处理器一个标记结束事件，处理器就会调用下面的方法处理：

```
void endElement(String uri,String localName,String qName)
```

各参数的意义同 startElement 方法中的参数。对于 XML 文件中的空标记，SAX 也会报告标记开始事件和结束事件。

3. 文本数据

当 SAX 遇到 XML 文件中的文本内容时，就会报告给事件处理器一个 characters 事件，事件处理器就会调用下面的方法处理：

```
void characters(char [] ch,int start,int length)
```

各参数的意义说明如下：

ch：一个字符数组，用于存放文本数据。

length：表示字符的个数。

start：表示数组存放字符的起始位置。

SAX 会把 XML 文件中的空白视为 characters 事件报告给处理器处理。输出文本内容的方法处理：

```
System.out.println(new String(ch,start,length));
```

4. 处理空白

处理空白需要在处理器中重写 ignorableWhitespace 方法。SAX 在遇到空白时，就会向处理器报告 ignorableWhitespace 事件，事件处理器调用下面的方法处理：

```
void ignorableWhitespace(char[] ch,int start,int length)
```

而不去调用 characters 方法。前提是，XML 文件必须是一个有效的 XML 文件。

5. 名称空间

处理名称空间需要设置 SAX 以支持名称空间。

```
factory.setNamespaceAware(true);
```

SAX 在遇到名称空间时会向处理器报告名称空间开始事件，事件处理器再调用下面的方法处理：

```
void startPrefixMapping(String prefix,String uri)
```

其中参数说明如下：

Prefix：表示名称空间的前缀，如果没有前缀，则 prefix=“ ”。

uri：表示名称空间的名字。

在名称空间的作用域结束之后，SAX 会向处理器报告名称空间结束事件，事件处理器调用下面的方法处理：

```
void endPrefixMapping(String prefix)
```

6. 实体

SAX 在遇到实体时有以下几种情况：

（1）一般内部实体：首先将实体引用替换为实体内容，然后再以文本数据事件报告给事件处理器，处理器调用 characters 方法处理。

（2）一般外部实体：首先将实体引用替换为实体的内容，然后向事件处理器报告一个实体事件，再报告一个文本数据事件，处理器先调用 resolveEntity 方法处理，最后再调用 characters 方法处理。如果在 XML 文件中引用的实体在 DTD 中没有相关的定义。SAX 在遇到该实体时不会 SAX 该实体，并向事件处理器报告一个忽略实体事件，处理器调用 skippedEntity 方法处理。

（3）不可解析实体：SAX 会向事件处理器报告一个事件，处理器调用 unparsedEntityDecl 方法处理。

如果 XML 文件通过 DOCTYPE 声明关联外部 DTD 文件，则 SAX 在报告完文件开始事件之后，会将 DOCTYPE 声明作为实体事件报告给事件处理器。处理一般外部实体事件的方法：

```
InputSource resolveEntity(String publicId,String systemId)
```

其中参数说明如下：

publicId：如果声明实体时使用的是 PUBLIC，则 publicId 是公用标识符；如果声明实体时使用的是 SYSTEM，则 publicId 是 null。

systemId：表示外部实体的 URI。

处理忽略实体事件的方法：

```
void skippedEntity(String name)
```

其中，name 表示被忽略实体引用的名称。

处理不可解析实体事件的方法：

```
void unparsedEntityDecl(String name,String publicId,String systemId,
    String notationName)
```

其中参数说明如下：

name：表示不可解析实体引用的名称。

publicId：如果声明实体时使用的是 PUBLIC，则 publicId 是公用标识符；如果声明实体时使用的是 SYSTEM，则 publicId 是 null。

systemId：表示外部实体的 URI。

notationName：表示外部应用程序的名字。

7. 文件定位器

文件定位器用于在文件中指定具体位置，是一个 Locator 对象（文件位置对象）。要使用文件定位器，需要重写下面的方法：

```
void setDocumentLocator(Locator locator)
```

其中，locator 表示 Locator 对象，在处理任何事件时，都可以利用此对象来获得具体的位置。Locator 对象有如下两种方法：

int getLineNumber：返回数据结尾所在的行号。

int getColumnNumber()：返回数据结尾所在的列号。

8. 处理错误信息

SAX 默认检查 XML 文件的规范性，要想让 SAX 解析同时检查 XML 文件的有效性，需要在获得 SAX 之前调用 SAXParserFactory 对象的 setValidating 方法设置，如设置 SAX 检查 XML 文件的有效性：

```
SAXParserFactory factory=SAXParserFactory.newInstance();
```

SAX 在解析过程中发现 XML 文件中存在错误，就会向事件处理器报告一个错误事件，错误事件分为 3 个层次：警告(warning)、一般错误(error)、致命错误(fatal error)。

1）警告

XML 1.0 推荐标准中，SAX 中的警告不属于规范性的错误，SAX 在认为有必要报告警告时，就会向事件处理器报告一个警告事件。处理器会调用下面的方法处理警告：

```
void warning(SAXParseException e)
```

警告不属于错误或致命错误的问题，不会阻止 SAX 继续解析。所以，对于警告可以不做任何处理，不必抛出 SAXException 异常。

2）一般错误

当 XML 内容(而不是格式或结构)出现了意想不到的问题(如不满足 DTD 文件中的某个约束)就会报告一个一般错误。发生错误时，就表示被解析的文档中的数据可能丢失、篡改或错误等问题。处理器会调用下面的方法处理一般错误：

```
void error(SAXParseException e)
```

一般错误不会影响 SAX 继续解析，所以处理一般错误时一般不会抛出 SAXException 异常。

3）致命错误

致命错误是指绝对会干扰和阻止 SAX 继续进行解析的错误。例如，解析不规范的 XML 文档就会报告致命错误。处理器会调用下面的方法处理致命错误：

```
void fatalError(SAXParseException e)
```

由于致命错误将导致 SAX 无法继续解析，所以处理致命错误时应当抛出 SAXException 异常，停止解析。如果不抛出 SAXException 异常，当 SAX 无法继续解析时，就会强制抛出 SAXException 异常，停止解析。

在前面的 3 个方法中都含有一个参数 e，e 是 SAXParseException 的对象，包含了错误的详细信息。通过对象 e 的一些方法，可以获得错误的相关信息。这些方法包括：

String getMessage()：返回错误的信息。

void printStackTrace()：输出错误的信息。

int getLineNumber()：返回错误结尾所在的行号。

int getColumnNumber()：返回错误结尾所在的列号。

5.3　DOM4J

5.3.1　DOM4J 简介

　　DOM4J 是一个 Java 的 XML API，用来读写 XML 文件。DOM4J 是一个非常优秀的解析 XML 的工具，具有性能优异、功能强大和极其易用的特点，同时它也是一个开放源代码的软件，可以再 SourceForge 上找到它。功能和易用性的测评，DOM4J 无论在哪个方面都是非常出色的。如今越来越多的 Java 软件都在使用 DOM4J 来读写 XML，连 SUN 的 JAXM 也在用 DOM4J。

　　DOM4J 是一个易用的，开源的库，用于 XML、XPath 和 XSLT。它应用于 Java 平台，采用了 Java 集合框架并完全支持 DOM、SAX 和 JAXP。

　　DOM4J 使用起来非常简单。它自带的指南内容很全面，国内的中文资料很少。在国内比较流行的是使用 JDOM 作为 DOM，两者各有特色。DOM4J 最大的特色是使用大量的接口，这也是它被认为比 JDOM 灵活的主要原因。它的主要接口都是在 org.DOM4J 包中的定义，如表 5.6 所示。

表 5.6　DOM4J 主要接口

接口名	说　　明
Attribute	定义了 XML 的属性
Branch	Branch 为能够包含子节点的节点，如 XML 元素(Element)和文档(Document)定义了一个公共的行为，CDATA 定义了 XML，CDATA 区域
CharacterData	CharacterData 识别基于字符的节点，如 CDATA、Comment、Text
Comment	定义 XML 注释的行为
Document	定义 XML 文档
DocumentType	定义 XML DOCTYPE 声明
Element	定义 XML 元素
ElementHandler	定义 Element 对象的处理器
ElementPath	被 ElementHandler 使用，用于取得当前正在处理的路径层次信息
Entity	定义 XML entity
Node	为所有的 DOM4J 中 XML 节点定义了多态行为
ProcessingInstruction	定义 XML 处理指令
Text	定义 XML 文本节点
Visitor	用于实现 Visitor 模式(后面将进行详细介绍)
XPath	在分析一个字符串后会提供一个 XPath 表达式

5.3.2　DOM4J 使用

1. 解析 XML 文档

　　读写 XML 文档主要依赖于 org.DOM4J.io 包，其中提供 DOMReader 和 SAXReader 两类不同方式，而调用方式是一样的。这就是依靠接口的好处。

```
//从文件读取 XML，输入文件名，返回 XML 文档
Public_Document_read(StringfileName)_throws_MalformedURLException,
DocumentException{
    SAXReader_reader=new_SAXReader();
    Document_document=reader.read(newFile(fileName));
_return_document;
    }
```

其中，reader 的 read 方法是重载的，可以从 InputStream、File、Url 等多种不同的源来读取。得到的 Document 对象代表整个 XML。

读取的字符编码是按照 XML 文件头定义的编码来转换。如果遇到乱码问题，要把各处的编码名称保持一致。

为了述说方便，先看一个 XML 文档，之后的操作均以此文档为基础。

```
<?xmlversion="1.0"encoding="UTF-8"?>
<books>
<!--This_is_a_test_for_DOM4J-->
    <bookshow="yes">
        <title>DOM4JTutorials</title>
    </book>
    <book_show="yes">
        <title>Studing</title>
    </book>
    <book_show="no">
        <title>Action</title>
    </book>
    <owner>edu</owner>
</books>
```

这是一个很简单的 XML 文档，场景是一个网上书店，有很多书，每本书有两个信息，一个是书名(title)，一个为是否展示(show)，最后一项是这些书的拥有者(owner)信息。

2. 建立 XML 文档

```
/**
*建立一个 XML 文档,文档名由输入属性决定
*@param filename 需建立的文件名
*@return 返回操作结果，0 表失败，1 表成功*/
    public int createXMLFile(String filename){
        /** 返回操作结果，0 表失败，1 表成功 */
        int returnValue = 0;
        /** 建立 document 对象 */
        Document document = DocumentHelper.createDocument();
        /** 建立 XML 文档的根 books */
        Element booksElement = document.addElement("books");
        /** 加入一行注释 */
        booksElement.addComment("This is a test for DOM4J");
        /**加入第一个 book 节点 */
```

```
            Element bookElement = booksElement.addElement("book");
            /** 加入 show 属性内容 */
            bookElement.addAttribute("show","yes");
            /** 加入 title 节点 */
             Element titleElement = bookElement.addElement("title");
            /** 为 title 设置内容 */
            titleElement.setText("DOM4J Tutorials");
            /** 类似的完成后两个 book */
            bookElement = booksElement.addElement("book");
            bookElement.addAttribute("show","yes");
            titleElement = bookElement.addElement("title");
            titleElement.setText("Studing");
            bookElement = booksElement.addElement("book");
            bookElement.addAttribute("show","no");
            titleElement = bookElement.addElement("title");
            titleElement.setText("Action");
            /** 加入 owner 节点 */
            Element ownerElement = booksElement.addElement("owner");
            ownerElement.setText("edu");
            try{
                /** 将 document 中的内容写入文件中*/
                XMLWriter writer = new XMLWriter(new FileWriter(new File(filenamee))
                );
                writer.write(document);
                writer.close();
                /**执行成功,需返回 1 */
                returnValue = 1;
            }catch(Exception ex){
                ex.printStackTrace();
            }
        returnreturnValue;
        }
```

说明：

```
    Documentdocument=DocumentHelper.createDocument();
```

通过这条语句定义一个 XML 文档对象。

```
    ElementbooksElement=document.addElement("books");
```

通过这条语句定义一个 XML 元素，这里添加的是根节点。

Element 有几个重要的方法：

addComment：添加注释。

addAttribute：添加属性。

addElement：添加子元素。

最后通过 XMLWriter 生成文件，默认生成的 XML 文件排版格式比较乱，可以通过

OutputFormat 类的 createCompactFormat( )方法或 createPrettyPrint( )方法格式化输出，默认
采用 createCompactFormat( )方法，从而使得最终的结构显示比较紧凑。

　　生成后的文件内容如下：

```
<?xml version="1.0" encoding="UTF-8"?>
<books><!--This is a test for DOM4J -->
    <book show="yes">
        <title>DOM4J Tutorials</title>
    </book>
    <book show="yes">
        <title> Studing</title>
    </book>
    <book show="no">
        <title> Action</title>
    </book>
    <owner>edu</owner>
</books>
```

3. 修改 XML 文档

有 3 项修改任务，依次为：

　　如果 book 节点中 show 属性的内容为 yes，则修改成 no；把 owner 项内容改为 nuaa，
并添加 date 节点；若 title 内容为 DOM4JTutorials，则删除该节点。

```
/**
 *修改 XML 文件中内容,并另存为一个新文件
 *重点掌握 DOM4J 中如何添加节点,修改节点,删除节点
_*@param filename 修改对象文件
 *@param newfilename 修改后另存为该文件
_*@return 返回操作结果, 0 表失败, 1 表成功
*/
public int ModiXMLFile(String filename,String newfilename){
    int returnValue=0;
    try{
        SAXReader saxReader=new SAXReader();
        Document document=saxReader.read(new File(filename));
        /**修改内容之一: 如果 book 节点中 show 属性的内容为 yes,则修改成 no */
        /**先用 xpath 查找对象 */
        List list=document.selectNodes("/books/book/@show" );
        Iterator iter=list.iterator();while(iter.hasNext()){
        Attribute attribute=(Attribute)iter.next();
            if(attribute.getValue().equals("yes")){
                attribute.setValue("no");
            }
        }
        /**
         *修改内容之二: 把 owner 项内容改为 nuaa
         *并在 owner 节点中加入 date 节点,date 节点的内容为 2015-03-01 还为 date 节点
```

```
添加一个属性 type*/
list=document.selectNodes("/books/owner" );
iter=list.iterator();if(iter.hasNext()){
Element ownerElement=(Element)iter.next();
ownerElement.setText("nuaa");
Element dateElement=ownerElement.addElement("date");
dateElement.setText("2015-03-01");
dateElement.addAttribute("type","calendar");
}
/**修改内容之三: 若 title 内容为 DOM4J Tutorials,则删除该节点 */
list=document.selectNodes("/books/book");
iter=list.iterator();
while(iter.hasNext()){
    Element bookElement=(Element)iter.next();
    Iterator iterator=bookElement.elementIterator("title");
        while(iterator.hasNext()){
            Element titleElement=(Element)iterator.next();
            if(titleElement.getText().equals("DOM4J Tutorials")){
                bookElement.remove(titleElement);
            }
        }
}
try{
    /** 将 document 中的内容写入文件中 */
    XMLWriter writer=new XMLWriter(new FileWriter(new
    File(newfilename)));
    writer.write(document);
    writer.close();
    /** 执行成功,需返回 1 */
    returnValue=1;
}catch(Exception ex){
    ex.printStackTrace();
}
}catch(Exceptionex){
    ex.printStackTrace();
}
returnreturnValue;
}
```

说明：

```
Listlist=document.selectNodes("/books/book/@show");
list=document.selectNodes("/books/book");
```

上述代码通过 xpath 查找到相应内容。通过 setValue()、setText()修改节点内容。通过 remove()删除节点或属性。

4. 遍历 XML 树

DOM4J 提供至少 2 种遍历节点的方法。

1）迭代

```
//迭代所有子节点
for(Iterator_i=root.elementIterator();i.hasNext();){
    Element_element=(Element)i.next();
    //dosomething}
//迭代名称为 foo 的节点
for(Iterator_i=root.elementIterator(foo);i.hasNext();){
    Element_foo=(Element)i.next();
    //dosomething}
//迭代属性
for(Iterator_i=root.attributeIterator();i.hasNext();){
    Attribute_attribute=(Attribute)i.next();
    //dosomething}
```

2）递归

递归也可以采用 Iterator 作为迭代手段，但文档中提供了另外的做法。

```
public_void_treeWalk(){
    treeWalk(getRootElement());
}
public_void_treeWalk(Elementelement){
for(inti=0,size=element.nodeCount();i<size;i++){
Node_node=element.node(i);
    if(node_instanceof_Element) {
      treeWalk((Element) node);
    } else { // do something...
                          }
  }
}
```

5.4　本章小结

本章主要介绍了两种解析方式：DOM 和 SAX，以及应用在 Java 中的一种解析工具——DOM4J。DOM 解析方式是一种基于 XML 文档树结构的解析方式，它先将 XML 文档视为一个树状结构，再对此树结构进行解析。首先介绍了 DOM 的主要节点类型，分别对其进行相应的解释，并阐述了针对 DOM 节点的一些操作。同时，列出相应的例子对其进行详细的描述以帮助读者深刻理解。SAX 是一种基于事件的解析方式，不同于 DOM 解析，它逐行扫描文档，一边扫描一边解析。由于应用程序只是在读取数据时检查数据，因此不需要将数据存储在内存中，这对于大型文档的解析是个巨大优势。然后，介绍了 SAX 的常用接口，分别对接口的使用方式进行阐述，并对解析 XML 整个过程进行了相当的解释。最后，介绍了一种常用的 XML 解析工具——DOM4J。从解析 XML 文档，建立 XML 文件，修改 XML 文档以及遍历 XML 文档四个角度对 DOM4J 的工作方式进行阐述，并列出一些例子帮助读者理解 DOM4J 的使用方式，读者也可以自行下载安装并使用，加深对 DOM4J 的理解。

第 6 章　XML 的应用

6.1　XML 开发工具

本节着重介绍三款主流 XML 开发工具，简略介绍几款其他开发工具，并且对三款主流 XML 开发工具进行简单的对比，协助读者选择合适的 XML 工具。

6.1.1　XMLspy

XMLSpy 是 Altova 公司的产品，Altova 是软件工具业的关键成员，也是 XML 开发工具的领导者，致力于提供功能强大，价格适中并易于使用的基于标准和平台独立的解决方案。Altova XMLSpy 是一个用来查看、验证和编辑 XML 文档的入门级 XML 编辑器。这是查看 XML、DTD、XML 架构、XSLT 和 XQuery 文件，以及执行低级别编辑任务的理想工具。主要功能如表 6.1 所示。

表 6.1　XMLspy 主要功能

序号	功　　能
1	为用户提供创建先进的 XML 和 Web 服务应用程序的功能,同时又能灵活地帮助用户使用最适合的业务需求和工作偏好的视图和选项来编写 XML。可用于建模、编辑、转换并调试所有与 XML 相关的技术
2	提供用户友好的图形图解设计工具、代码生成器、文件转换器、调试器、解析器以及完整数据库集成,支持 XSLT、XPath、XQuery、WSDL、SOAP、XBRL 和 Office Open XML(OOXML)文档,并提供 Visual Studio 和 Eclipse 插件等
3	XMLSpy 严格遵守最新行业标准,包括 XML、DTD、XML Schema、XSLT 1.0 和 2.0、XPath 1.0 和 2.0 和 XQuery,以及 SOAP 和用于网络服务开发的 WSDL。还支持新增的 Office Open XML。Altova XMLSpy 2014 版本大量新增对功能模块和模型支持,包括 XML Schema 1.1、RaptorXML 和 XPath 3.0 等,并能与 Eclipse 4.3 集成
4	它允许提取、编辑、查询和转换大量由 Microsoft Word、Excel 和 PowerPoint 文件所存储的数据。XMLSpy 还支持 XBRL(商务和财务报告的开放标准),并提供了完整的 XBRL 和标注验证以及图形化 XBRL 分类系统编辑器。XMLSpy 可以在所有主流 Web 服务平台上处理 Web 服务开发,这些平台包括 Microsoft.NET、J2EE 和 Eclipse
5	持 Microsoft Visual Studio 与 Eclipse 集成,允许用户从所选的多用途开发环境中无缝访问 XML 编辑器的强大功能。用户还可以使用 Java 或者 COM 系统集成 API,有计划地访问 XMLSpy 的许多功能。另外,XMLSpy 支持 OLE 和 ActiveX 控件
6	智能式编辑功能支持 XML 验证、自动完成上下文相关语法帮助、条目帮助器、语法颜色显示、向导、调试器、剖析器
7	开发高级的 XML 应用程序,XMLSpy 除了拥有功能强大的 XML 建模、编辑、验证和调试功能,还支持创建最先进的基于 XML 应用程序过程中所需要的补充技术
8	由于 XML 文档必须绑定外部软件应用程序或运行环境,所以 XMLSpy 包含自动的代码生成,用于 Java、C++ 或基于图解中定义数据元素的 C# 类文件。此外,XMLSpy 以本地的界面语言支持最流行的关系数据库,允许查询、查看和编辑数据库数据;按数据库结构生成 XML 图解;导入和导出数据库数据;从 XML 图解中生成关系数据库图解等

程序界面如图 6.1 所示。

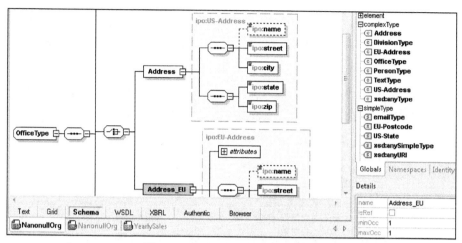

图 6.1　Altova XMLSpy 2014 截图

6.1.2　<oXygen/> XML Editor

XML Editor 是罗马尼亚 SyncRO Soft 公司的产品，成立于 1998 年，以大量的 XML 技术经验为专长，主要产品为 XML 编辑工具，提供对目前 XML 技术的全覆盖。它是 W3C 的成员，在全球拥有大量用户。

XML Editor 包含 XML Author、XML Developer。XML Editor 的 Author 模式展示了一种全新高效的，类似于 Word 处理器的编辑 XML 文档的方法。XML Author 保留了相关的编写功能并为 XML 编辑功能提供了优秀的设计界面。总体来说，这是一款简洁并且功能优秀的集 XML 查看和编辑等功能为一体的软件，相对简单好用。主要功能如表 6.2 所示。

表 6.2　 XML Editor 主要功能

参数	功　　能
XML IDE	可作为 XML 编辑器、XSLT 调试器、XQuery 调试器、XML 数据库、XML 树形视图/编辑器。 XML 编辑器窗口中的视图菜单可以停靠、浮动和隐藏。 在项目中共享 XML 编辑器中的任何选项。 在项目中管理和共享转换场景。 支持批次验证和批次转换。 支持多行查找和替换，可识别正则表达式和操作多个文件
智能化 XML 编辑	支持较多的内容实现，提供了 XML 元素、属性和值(ID 引用操作、枚举和列表值)。 使用电子表格式的 XML 网格编辑器可以轻松地编辑由重复模式组成的 XML 文档。 内容完成建议旁边显示模式注释和 DTD 注解。 编辑器为 NVDL 脚本和带有 NVDL 脚本的 XML 文档提供了编辑和验证支持。 自带由 XML Schema、Relax NG、NVDL、DTD 或者文档结构驱动的语境敏感内容助手。 XML 文档向导和 XML 代码模板(缩写)。 与编辑文档保持实时更新的基于树形图的 XML 大纲。 XML 文档向导，易于创建指定模式或 DTD 的 XML 文档。 支持具有功能强大的操纵行为和持久性的源码折叠功能。 模式视图显示了当前 XML 元素的模式信息。 XML 文件的格式化和缩进

参数	功　　能
XML 验证	使用 XML schema、Relax NG、DTD、NVDL、Schematron schema 或者嵌入式 Schematron 规则进行 XML 文档验证。 XML schema(可视化图解)、Relax NG（可视化图解）、NVDL 脚本、DTD 和 Schematron 编辑和验证支持。 多种验证引擎：Xerces、XSV、LIBXML、MSXML 4.0、MSXML.NET、Saxon EE 和 SQC。 XML 验证以及 XInclude 和 XML Catalog 支持的结构良好性检查。 简单的错误跟踪，单击定位错误源，支持在 XML 编辑器中进行视觉标记和概述规则。 针对 XML schema 错误链接到相关规则的准确位置
XML Schema 建模	基于 XML schema 编辑器和 RelaxNG Schema 编辑器的可视化图解。 重构操作。 包含/导入图形。 组件独立性分析器。 使用 W3C XML Schemas 生成 HTML 或 PDF 文档。 支持使用 W3C XML Schema 生成大量的 XML 实例
XSL/XSLT 支持	XSLT 1.0/2.0/3.0 编辑、验证、转换、调试和性能分析支持。 多个 XSLT 处理器：Xalan 2.7.1、Saxon 6.5.5、Saxon EE、XSLTProc 和 MSXML3.0/4.0/.NET 1.0/2.0。 使用多个内置处理器进行 XSLT 调试：Xalan 2.7.1、Saxon 6.5.5、Saxon 家庭版、Saxon 专业版以及模式敏感的 Saxon 企业版。 使用重复的场景进行简单的 XSLT/XQuery 转换和 XML 验证管理。 跨多个文件的、强大的 XSLT 搜索和重构。 在浏览器中以 XHTML、XML 方式预览转换结果。 使用 HTML 的 XSLT 样式表文档
XQuery 支持	使用 XQuery 和 SQL 原生 XML 或者关系数据库进行浏览、编辑和查询。 将 XSLT 或 XQuery 输出结果映射到源、样式表或者 XQuery 文件的相应位置。 XQuery 1.0 编辑、验证、转换、调试和性能分析支持。 针对 MarkLogic XML 数据库的集成 XQuery 调试器。 XQuery 性能分析器
XPath 支持	XPath 评估和语法检查，XPath 内容实现支持。 多种功能和注释完成内容实现。 XPath 生成器视图。 Schematron 内容实现中的 XPath 函数
本地 XML 和关系数据库	支持管理 Oracle 11g R1、IBM DB2 Pure XML 和 Microsoft SQL Server 2008 等关系数据库。 支持管理 Documentum xDB、MarkLogic、eXist 和 Berkeley DB XML 等 XML 数据库。 支持从关系数据库和其他源导入到 XML。 使用 XQuery 和 SQL 原生 XML 或者关系数据库进行浏览、编辑和查询
单一源 XML 发布	基于 W3C CSS 样式表的可视化 WYSIWYG XML 编辑模式。 针对 DocBook、DITA、TEI 和 XHTML 随时可用的可视化编辑支持。 可视化 DITA Maps 管理器，与 DITA 开放工具箱完美集成。 使用潜入 Apache FOP 的 FO 转换从 XML 文档生成 PDF 或 PS 文件。 支持外部格式化对象处理器 <oXygen/>是一个针对无论是使用从左到右还是从右到左脚本的编辑文档的完整的解决方案，提供了全部的 Unicode 和多语言支持。 <oXygen/> XML 编辑器包括 DocBook、DITA 和 TEI 文档框架。 支持 CALS 和 HTML 表格。 为 HTML、WebHelp、PDF、Eclipse/Windows 帮助文档预配置发布场景。 <oXygen/> XML 编辑器支持编辑、验证和创建 EPUB 文件，预定义的转换场景允许你将 DITA 和 DocBook 文档发布到 EPUB
支持访问 CMSes 和远端资源	集成 Documentum 内容管理系统(CMS)。 支持通过 FTP/SFTP、HTTP/WebDAV 和 HTTPS/WebDAV 编辑远端 XML 文件。 任何 WebDAV 都能启用 CMS
协作性	使用跟踪变化功能来追踪对文档所做的改动。 可以使用内置的 XML Diff 和合并工具来检查和合并 XML 文档中的差异性。 自带针对 Apache SubversionTM (SVN) 版本控制系统的成熟的客户端
Office 文档支持	支持随时验证、编辑和处理 Microsoft® Office 2007 - Office Open XML（OOXML）。 支持随时验证、编辑和处理开放文档格式和其他基于 ZIP 的包
工具	支持从 DTD、Relax NG 或一组 XML 文档转换 XML Schema、DTD 或 Relax NG。 XML 文档的规范化和数字签名。 WSDL SOAP 分析器。 大文件查看器（高达 10GB）
对开放源项目的贡献	<oXygen/> XML 编辑器使得开放源 NVDL 实现、基于 Jing 的 oNVDL 成为可能。 <oXygen/> XML 编辑器为使用的开放源提供补丁、修复建议和改进需求
实用性	<oXygen/> XML Editor 可以作为一个标准的桌面、Java Web 启动应用或者 Eclipse 插件使用。 不锁定平台，任何平台的 XML 编辑器都可以使用相同的许可证

程序界面如图 6.2 所示。

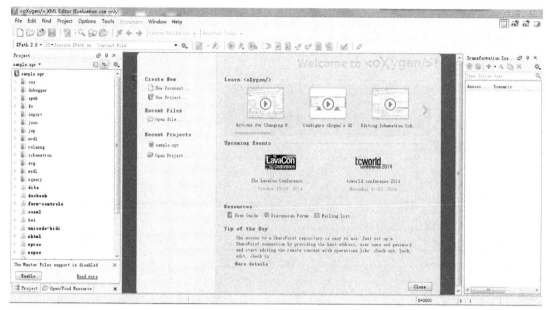

图 6.2 XML Editor 截图

6.1.3 XMLPad

XmlPad 是一款支持代码高亮的 XML 开发工具,界面简洁、大方(默认为 Visual Studio.net 风格,可切换);包括各种常用功能,代码智能提示、Validated 检测(DTD、Schema)等,其中最有特色的是它提供的三种 XML 数据浏览视图,包括 Source、Grid View、Table View,可以方便地进行各种方式的数据浏览;由于没有多余功能,所以比较容易操作上手。

主要功能如表 6.3 所示。

表 6.3 XMLPad 主要功能

序号	功 能
1	XML Schema 的全力支持
2	工程系统与 CVS 支持
3	XML Schema 编辑器。语法高亮、行号、单元范围内的导航,以及上下文相关的源代码助手向导
4	预览和图形图表窗口打印的 XML Schema,该图使用 XML Schema 编辑器同步。XML 架构文档生成与图像
5	对底层的 XML 架构的 XML Schema 验证和 XML 文件的验证
6	非常大的架构(如 UCCnet 的或 xCBL35)使用 XML Schema 二进制缓存在执行着缓解性能问题的验证和分析。验证中使用的每个架构编译,二进制格式在第一次使用以后可以从缓存中加载
7	从 XML 模式或从 XML 文件中的 XML Schema 的示例 XML 样本的生成。XSD 转换为 DTD 和 DTD 来 XSD
8	架构组件(转到定义/页转到参考)和导航从 XML 数据到适当的模式组件之间的架构组件重命名(重构),导航
9	正则表达式生成器和枚举建设者
10	感知模式的 XSLT 编辑器和调试器与 Active 脚本支持
11	支持 JAXB 和 Castor 结合
12	HTML 和 DBF 进口

程序界面如图 6.3 所示。

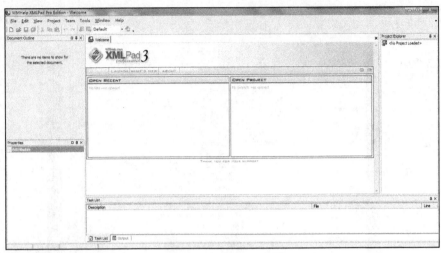

图 6.3　XMLPad 3 截图

6.1.4　其他开发工具

1. XMLFox

XMLFox 是一款用于创建 XML 表格文档或者 XSD 计划概要的 XML 编辑和确认工具。该软件提供了一个 XML 预览功能以及 XML 文档树形结构，XML 表格和 XML 脚本浏览功能。此工具带有指示复制粘贴操作，取消操作，矩形选择，智能诊断，以及处理普通XML/XSD 编辑任务。该软件支持所有的 XSD 而不需要进行 XML 图表概要定义，并且支持拖拽操作，输出格式转换等。

2. XmlWriter

XmlWriter 是一款老牌工具。优点：界面简洁、漂亮，提供了对常用功能的支持，包括代码智能提示、Well-Formed 检测、Validated 检测(DTD、Schema)等，上手快，操作简便。缺点：不支持中文。

6.1.5　工具的对比

几种主流 XML 编辑工具的汇总对比如表 6.4 所示，以协助大家选择适合的开发工具。

表 6.4　几种主流 XML 编辑工具汇总对比

项　　目	优点	缺点	公司	最新版本	是否收费
XMLSPY	功能全面强大，面面俱到	体积大，启动慢，上手难，操作复杂	Altova(奥地利)	Altova XMLSPY 2015(2014/09/24)	是
<oXygen/>XMLEDITOR	功能全面并且强大，唯一一个支持 XML 模式语言的工具，高效并类似于 Word 处理器的 XML 文档编辑方法		SyncRO Soft(罗马尼亚)	oXygen XML Editor 16.0(2014/05/22)	是
XMLPAD	支持高亮，界面简洁，并且有 IPAD 版本	专业性、可靠性不足	Semyon A. Chertkov(乌克兰)	XMLPad 3.0.4.1 (2014/3/17)	免费

6.2　RSS 和 Atom

RSS 和Atom都是网络订阅的 XML 格式，都是为了提供方便、高效的互联网信息的发布和共享，用少的时间分享更多的信息。它们是两种不同的信息聚合规范，具有相似的基于 XML 的格式。

6.2.1　RSS

RSS（Really Simple Syndication）是一种描述和同步网站内容的格式，用于在互联网上进行内容包装和投递协议标准，是使用最广泛的 XML 应用。RSS 为信息的迅速传播搭建了技术平台，每个人都是潜在的信息提供方。当在网络发布一个 RSS 文件后，这个网络订阅中包含的信息就可以直接被其他站点所调用。

RSS 目前广泛用于网上新闻频道、博客和 wiki 等，使用 RSS 订阅可以快速精确地获取信息，可以实现多样来源的个性化聚合，并且极大地降低了信息发布的时间和成本，方便本地内容管理，最大化消除垃圾消息。

RSS 是一种起源于网景的推广技术，将用户订阅的内容传送给他们的通信协同格式（Protocol）。

IE4 刚刚推出的时候有一个功能，即新闻频道，这个新闻频道的功能与 Netscape 推出的新闻频道很相似（当时 Netscape 是市场上领先的浏览器）。为此，Netscape 定义了一套描述新闻频道的语言，即 RSS。

新闻频道的确进入了低谷，但是 RSS 并没有被业界人士所抛弃。博客成为了网络热门，而 RSS 成为了描述 Blog 主题和更新信息的最基本方法。后来 UserLand 接手 RSS，继续开发新的版本，以适应新的网络应用需要。新的网络应用就是 Blog，因为戴夫·温那的努力，RSS 升级到了 0.91 版，然后达到了 0.92 版，随后在各种 Blog 工具中得到了应用，并被众多的专业新闻站点所支持。在广泛的应用过程中，众多的专业人士认识到需要组织起来，把 RSS 发展成为一个通用的规范，并进一步标准化。然而一个联合小组根据 W3C 的 RDF 对 RSS 进行了重新定义，发布了 RSS 1.0。因为这项工作没有与戴夫·温那进行有效的沟通，RSS 由此开始分化形成了 RSS 0.9x/2.0 和 RSS 1.0 两个阵营，也由此引起了专业人士的广泛争论。因为争论的存在，至今 RSS 1.0 还没有成为标准化组织的真正标准。

例 6.1　RSS 2.0 示例。

```
<?xml version="1.0" encoding="utf-8"?>
<rss version="2.0">
<channel>
<title>Example Feed</title>
<description>Insert witty or insightful remark here</description>
<link>http://example.org/</link>
<lastBuildDate>Sat, 13 Dec 2003 18:30:02 GMT</lastBuildDate>
<managingEditor>johndoe@example.com (John Doe)</managingEditor>
<item>
```

```
<title>Atom-Powered Robots Run Amok</title>
<link>http://example.org/2003/12/13/atom03</link>
<guid isPermaLink="false">urn:uuid:1225c695-cfb8-4ebb-aaaa-80da344efa6a</guid>
<pubDate>Sat, 13 Dec 2003 18:30:02 GMT</pubDate>
<description>Some text.</description>
</item>
</channel>
</rss>
```

6.2.2　Atom

　　Atom 是基于 XML 文档格式的一对彼此相关的标准。它借鉴了各种版本 RSS 的使用经验，被许多的聚合工具广泛使用在发布和订阅上。当初发展 Atom 的动机在于解决应用 RSS 2.0 时所遇到的问题，从而降低开发支持 Web 聚合应用的难度。特别的是，Atom 提供了一个清晰的版本以解决每个人的需求，它的设计完全不依赖任何机构，任何人都可以自己扩展，完整详细说明。Atom 除了定义新的摘要格式，还定义一个标准的档案文件格式和一个标准的网志编辑 API。

　　目前 Blogger（http://www.blogger.com）和 Gmail（http://gmail.google.com）由 Google 提供的服务正在使用 Atom 来替代 RSS 实现的信息聚合功能。

　　Atom 的特点：

　　(1)对可能包含文本或经过编码的 HTML 内容，提供了明确的标签。

　　(2)分别提供了 summary 和 content 标签，用于区分摘要和内容，同时 Atom 允许在 summary 中添加非文本内容。

　　(3)具有统一的标准，便于内容的聚合和发现。它有符合 XML 标准的命名空间，通过 XML 内置的 xml:base 标签来指示相对地址（URI），按照 RFC 3339 标准（ISO 8601 标准的一个子集）表示时间，Atom 1.0 标准包括一个 XML schema。

　　(4)强制为每个条目设定唯一的 ID，便于内容的跟踪和更新。

　　(5)允许条目单独成为文档。

　　(6)具有在 IANA（The Internet Assigned Numbers Authority）注册了的MIME（Multipurpose Internet Mail Extensions）类型，并且是IETF（The Internet Engineering Task Force）组织标准化程序下的一个开放的发展中标准。

　　例 6.2　ATOM1.0 示例

```
<?xml version="1.0" encoding="utf-8"?>
<feed xmlns="http://www.w3.org/2005/Atom">
<title>Example Feed</title>
<subtitle>Insert witty or insightful remark here</subtitle>
<link href="http://example.org/"/>
<updated>2003-12-13T18:30:02Z</updated>
<author>
<name>John Doe</name>
<email>johndoe@example.com</email>
```

```
</author>
<id>urn:uuid:60a76c80-d399-11d9-b93C-0003939e0af6</id>
<entry>
<title>Atom-Powered Robots Run Amok</title>
<link href="http://example.org/2003/12/13/atom03"/>
<id>urn:uuid:1225c695-cfb8-4ebb-aaaa-80da344efa6a</id>
<updated>2003-12-13T18:30:02Z</updated>
<summary>Some text.</summary>
</entry>
</feed>
```

6.3　RSS 和 Atom 的对比

　　RSS 和 Atom 是两种不同的信息聚合规范，它们具有相似的基于 XML 的格式。它们的基本结构是相同的，只在节点的表达式上有一些区别。RSS 和 Atom 的区别如表 6.5 所示。

表 6.5　RSS 和 Atom 的区别

项目	RSS 2.0	Atom 1.0
部署	得到广泛部署	还未得到广泛部署
规范	哈佛大学拥有版权并冻结了 RSS 2.0 规范	Atompub 工作组（属于 IETF）就 Atom 1.0 规范达成一致意见，并在将来有可能重新修订
所需内容	包含所需的摘要级别的标题、链接和描述。它不需要在摘要中出现的任何单独项的字段	包含摘要和条目所需的标题（可以为空）、唯一标识和最后更新的时间戳
有效负载 (payload)	包含普通文本或者转义 HTML，但不能分辨所提供的是两个中的哪一个	包含有效负载容器
全部或者部分内容	有一个 <description> 元素，可以包含条目的全部文本或者大纲。它没有用于标识内容是否完全的内置方法	提供单独的 <summary> 和 <content> 元素。如果它是非文本的或者非本地的内容，出于可访问性的原因摘要将很好用
自动发现	用不同的方法实现自动发现	标准化自动发现
提取和聚合	只有一个可识别的形式：一个<RSS>文档	允许独立的 Atom Entry 文档，可以使用任何网络协议传输，如 XMPP。也支持聚合摘要，其中，条目指向它们来自的摘要，前提是它们将被包含到其他摘要中

　　如今，RSS 和 Atom 都得到了广泛的应用，很多网站同时提供 RSS 格式和 Atom 的聚合订阅。值得关注的是，RSS 2.0 的版权问题和长久以来的未更新，随着科技时代的发展，Atom 可能会彻底取代 RSS。

6.4　本 章 小 结

　　本章首先介绍了将 XML 编辑出来的 XML 开发工具，着重介绍几款主流工具，并进行对比，协助读者选取。接着介绍了 XML 的一种较广泛的应用场景，即网络订阅。XML 作为一项正在茁壮成长的技术，还有很多的应用等待着大家去发展。

第 2 部分　Web 服务

第 7 章　XML 与 Web 服务描述

第一部分介绍了 XML 基础,本部分介绍 XML 的一个重要应用——Web 服务。

Web 服务是一个可以通过网络使用的自描述、自包含的软件模块,用于解决问题、完成任务及处理事务等。Web 服务将原有的或新开发的应用程序发布成基于 Web 的开放式服务,来自互联网上不同操作系统和不同编程语言的应用程序都可以访问该 Web 服务所发布出来的服务。

XML 的平台无关特性可以消除不同操作系统和编程语言之间的差异。Web 服务的三个重要基础:简单对象访问协议(Simple Object Access Protocol,SOAP)、Web 服务描述语言(Web Services Description Language,WSDL)和统一描述、发现和集成(Universal Description, Discovery and Integration,UDDI)都基于 XML。因此,不同机器上的不同应用在不借助第三方软硬件帮助的情况下,就可以实现相互之间的数据交换与集成。

7.1　Web 服务概述

Web 服务是通过 Web 进行描述、发布、发现和访问的完整模块式应用程序。Web 服务利用 Web 分布式编程模型的松散耦合性,允许各种平台和编程语言的应用彼此间交换数据,从而将它们无缝整合在一起。Web 服务提供了一种建立分布式应用的平台,不同操作平台上由不同语言实现的,所有已开发部署的软件,都可以充分利用这个平台实现分布式计算。Web 服务具有自包含、自描述性、封装性、松散耦合等特点。

Web 服务的实现涉及许多重要标准与规范。例如,XML 提供了描述数据的通用语法,WSDL 提供了描述 Web 服务功能的机制,SOAP 提供了数据交换的机制,UDDI 提供了服务的注册与定位机制。此外,还涉及有关 Web 服务安全性、事务和管理等方面的标准。

W3C 对 Web 服务的定义:Web 服务是一组接口,用于支持网络上不同机器不同平台之间的互操作,它使用机器可处理的语言(如 WSDL)来描述接口,其他系统通过使用 SOAP 消息与 Web 服务交互。

7.1.1　Web 服务体系结构

Web 服务的体系结构中包含三种角色:服务提供者、服务请求者和服务注册中心。服务提供者创建一个 Web 服务,同时定义服务接口及调用方法,将其发布在可通过网络访问的平台上。服务请求者发现该 Web 服务后,根据服务描述信息调用该服务,与服务进行交互。当服务的实现过程需要使用其他的 Web 服务时,该服务又成为了服务请求者。当一个 Web 服务不再可用或不被需要时,服务提供者可以撤销对该服务的发布。

图 7.1 给出了 Web 服务体系结构的逻辑视图,该图描述了角色和操作之间的关系。接下来对该图中涉及的角色和操作进行详细介绍。

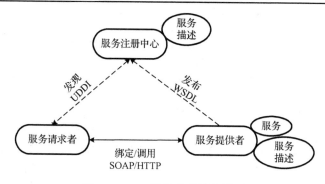

图 7.1　Web 服务体系结构模型

（1）服务提供者：从业务角度看，是服务的持有者；从体系结构角度看，是托管访问服务的平台。

（2）服务请求者：从业务角度看，是请求某种特定功能服务的用户；从体系结构角度看，是寻找并调用服务，与服务交互的应用程序。服务请求者既可以由用户驱动的浏览器担当，也可以是另一个 Web 服务。

（3）服务注册中心：是可供搜索的服务描述注册中心，将服务提供者与服务请求者关联起来。服务提供者在此处发布他们的服务描述，同时，服务注册中心提供了规范的接口以接收服务请求者的查询请求，服务请求者可以在此查找并获取服务描述信息，从而使用服务。

Web 服务体系结构中的这三个角色进行交互时，必然会涉及以下三个操作：发布服务描述、发现服务描述以及根据服务描述绑定或调用服务。这些操作可能会在交互过程中多次出现。

（1）发布：Web 服务只有在被提供者发布之后，才可能被潜在用户或应用程序发现并使用。为此，服务提供者首先需要使用 WSDL 对服务进行描述，随后将服务描述信息发布到服务注册中心。服务提供者可撤销服务的发布或对服务描述信息进行修改。7.2 节将详细介绍 Web 服务描述语言 WSDL。

（2）发现：当服务请求者需要某种服务时，可以在服务注册中心查找所需要的服务类型或者直接检索服务描述，从查询结果中发现所需要的服务，并将相应的 WSDL 文件下载到本地。

（3）绑定/调用：服务请求者发现服务之后需要考虑如何调用服务。在绑定操作中，服务请求者根据服务描述中的绑定信息来定位、联系和调用服务。7.2 节将介绍 WSDL 中具体的绑定元素。

绑定操作中涉及的 SOAP 以及发布发现操作涉及的 UDDI 将在第 8 章进行介绍。

7.1.2　Web 服务技术架构

Web 服务的实现方式并不是唯一的，而是涉及了许多分层及相关联的技术。这些技术使得应用程序之间可以基于标准的因特网协议进行协作而无需人的直接干预。图 7.2 是一个被普遍接受的技术架构。除了已经提及的 SOAP、WSDL 及 UDDI，还包括了服务质量、业务流程和服务管理等方面的技术标准。下面简要介绍图 7.2 中的一些关键技术标准。

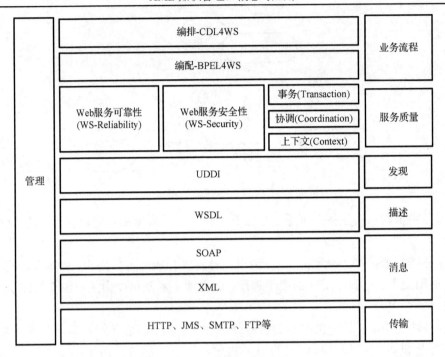

图 7.2　Web 服务技术架构

(1) Web 服务使用互联网进行连接，在传输层使用 HTTP 等协议进行信息交互。传输层提供了分布式服务系统中构件之间进行信息交互的基础协议。

(2) 第一部分已经对 XML 进行了详细介绍。XML 用于交换数据及相应的语义。Web 服务技术架构中的其他层大多使用 XML 作为其基础构造块。

(3) 简单介绍 Web 服务的三个重要标准：SOAP、WSDL 和 UDDI。

① SOAP：SOAP 是一个基于 XML 的简单对象访问协议，Web 服务通过该协议进行信息交互。SOAP 协议基于 HTTP，并使用常规的因特网传输协议（如 HTTP）来传送数据。8.1 节将更详细讨论 SOAP。

② WSDL：WSDL 基于 Web 服务的接口和实现描述了 Web 服务的功能特性。WSDL 定义了 XML 语法，将服务描述为能够交换消息的通信端点的集合。

③ UDDI：UDDI 提供了一种公共的目录服务，服务提供者可以通过它发布 Web 服务描述，服务请求者通过 UDDI 发现 Web 服务，并根据服务描述访问该服务。例如，独立的应用程序可以公布出自己的应用流程或任务，以便其他应用程序或系统调用这些流程或任务。8.2 节将详细讨论 UDDI。

总而言之，Web 服务使用 XML 描述数据，使用 WSDL 进行服务描述，使用 SOAP 消息调用访问服务，并通过 UDDI 进行服务的注册发布。

(4) 针对服务的业务流程：

① 业务流程执行语言（Business Process Execution Language，BPEL）是一种使用XML 编写的，用于自动化业务流程的形式规约，可以实现 Web 服务组合。9.2 节将详细介绍 BPEL。

② Web 服务编排描述语言（WS-CDL）基于 XML，通过定义跨企业的一些 Web 服务间共同的、可观察的行为实现服务的协作。9.2 节将详细介绍 WS-CDL。

（5）服务质量关注一些重要的服务功能属性或非功能属性以及其他重要的服务特性：

① Web 服务协调（WS-Coordination）和 Web 服务事务（WS-Transaction）是对 BPEL 的补充，提供了定义具体标准化协议的机制，这些标准化协议可用于事务流程系统、工作流系统或者其他需要协调多个 Web 服务的应用。

② Web 服务可靠性（WS-Reliability）关注 Web 服务中消息的可靠性传递。Web 服务安全性（WS-Security）是一个 OASIS 安全性规范。该规范提出将安全性令牌作为消息的一部分发送，保证消息内容的完整性和机密性。10.2 节将对 WS-Security 及上下文进行说明。

目前，包括 IBM、微软、BEA 和 SUN 微系统在内的一些公司提供了跨 Web 服务功能域的产品和服务，并实现了 Web 服务技术架构。他们以应用服务器的形式提供了诸如 WebSphere、.NET 框架、WebLogic 等基础设施，用于构建和部署 Web 服务。此外，这些公司还提供了工具以支持业务运营中的 Web 服务的编配及组合应用开发。

7.1.3　Web 服务案例

Web 服务可以是自包含的服务（如银行提款取款服务）、应用程序（如即时通信工具）、成熟的业务流程（如电子商务网上购物平台）、已启用的服务资源（如访问学生档案的后台数据库）等。Web 服务的功能千差万别，既可以是简单的请求（如信用卡余额查询、库存状态检查或天气预报等），也可以是综合多个数据源信息的完整业务应用程序（如旅行行程规划或快递追踪系统等）。

本节通过一个电子商务网上购物系统案例来说明 Web 服务间的交互情况。用户登录系统后可以完成产品选择，订单提交，账单支付等活动，待商家发货后，可以追踪包裹，最终确认收货。对于比较大型的网上购物系统，不同的产品往往由不同的供货商提供。产品库存与运送服务也由不同的服务商提供。

该例中涉及的 Web 服务主要包括用户的信用检查，商品库存更新，账单支付以及商品运送。为简化问题，本例选取由不同商家提供的两个独立服务：库存服务和运送服务进行分析。图 7.3 显示了不同服务之间的使用关系。

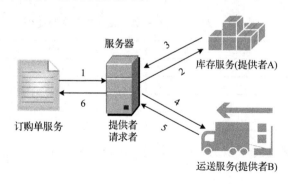

图 7.3　网上购物系统综合服务实例

图 7.3 中服务器向订购单服务提供组合的 Web 服务。当用户订单提交到服务器（步骤1）后，一方面，服务器作为服务提供者，接受了用户的订单请求，随后将该请求被分解成两部分，一部分涉及库存管理服务，另一部分涉及送货服务。此时，服务器又充当了服务

请求者的角色。服务器通过步骤 2 将订单请求转发给库存服务的提供者 A，提供者 A 检查库存，判断库存是否充足，将结果通过步骤 3 反馈给服务器。若库存充足，服务器将选择一个送货商(步骤 4)，送货商按照订单安排送货并将结果反馈给服务器(步骤 5)。最后，服务器再次充当服务提供者，根据订单计算价格，生成最终账单，递交给用户(步骤 6)。

7.2 WSDL：Web 服务描述语言

7.1 节简单介绍了 WSDL，WSDL 在 Web 服务体系结构和技术架构中扮演着重要角色，它提供了一种描述 Web 服务的标准方法。基于服务被准确描述的前提，服务请求者才能发现和调用服务。

WSDL 仅关注同时涉及服务请求者和提供者双方的信息，而不关注任何一方具体的实现细节。WSDL 中，服务被定义为一组网络访问点或端口的集合。客户端可以通过这些服务访问点对服务进行访问。WSDL 基于 XML，详细描述了 Web 服务的接口信息，如消息的数据类型及格式、服务所提供的操作、服务的驻留地址以及绑定协议等，以便服务请求者进行发现与调用。

2001 年 3 月，IBM 和微软将 WSDL 1.1 作为一个 W3C 目录提交给 W3C 组织。2002 年 7 月，W3C 公布了第一个 WSDL 1.2 草案。2007 年 6 月，W3C 发布了最新的 WSDL 2.0 版本。

由于现在多数的 Web 服务都是基于 WSDL 1.1 定义的，因此本节将侧重介绍 WSDL 1.1 的内容。

7.2.1 WSDL 的主要元素

WSDL 1.1 涉及 7 个重要的元素：types、message、operation、portType、port、binding 以及 service。这些元素嵌套在 definitions 元素中，definitions 是 WSDL 文档的根元素。

WSDL 2.0 元素在 WSDL 1.1 基础上做了部分修改，表 7.1 列举出了二者的元素对比。

表 7.1 WSDL 1.1 与 WSDL 2.0 元素对比

WSDL Version 1.1	WSDL Version 2.0	WSDL Version 1.1	WSDL Version 2.0
definitions	description	portType	interface
service	service	operation	operation
port	endpoint	message	—
binding	binding	types	types

本节围绕被广泛接受的 WSDL 1.1 版本展开讨论。首先给出各元素的详细定义。

1. 类型 types

types 元素定义了服务间接收或发送消息的数据类型。为了保证互操作性与平台独立，WSDL 通常使用 XSD 作为其固有的类型系统。W3C 给出的类型模式如下：

```
<definitions... >
    <types>
```

```
        <xsd:schema ... />*
    </types>
</definitions>
```

2. 消息 message

message 元素描述了一种类型化的数据，包含一个或多个逻辑部分（part）。这些数据是某个操作的输入或输出。WSDL 定义了 3 种类型的消息：IN 类型、OUT 类型和 INOUT 类型。前两种类型分别为输入类型与输出类型，而 INOUT 类型所描述的数据既可以作为输入，也可以作为输出。W3C 给出的消息模式如下：

```
<definitions ... >
    <message name="nmtoken"> *
        <part name="nmtoken" element="qname"? type="qname"?/> *
    </message>
</definitions>
```

3. 操作 operation

operation 元素与命令式编程语言中的方法类似，它是最基本的功能单位。操作也称为传输源语。WSDL 1.1 引入了以下 4 种操作类型：

（1）单向（one-way）：单向操作仅仅接收消息，但不发送任何响应。单向操作的语法如下：

```
<wsdl:definitions ... >
    <wsdl:portType ... > *
        <wsdl:operation name="nmtoken">
            <wsdl:input name="nmtoken"? message="qname"/>
        </wsdl:operation>
    </wsdl:portType >
</wsdl:definitions>
```

input 元素指定了单向操作的抽象消息格式。

（2）通知（notification）：在通知操作中，服务终端发送消息到客户端，但不接收来自客户端的响应。通知操作的语法如下：

```
<wsdl:definitions ... >
    <wsdl:portType ... > *
        <wsdl:operation name="nmtoken">
            <wsdl:output name="nmtoken"? message="qname"/>
        </wsdl:operation>
    </wsdl:portType>
</wsdl:definitions>
```

output 元素指定了通知操作中的抽象消息格式。

（3）请求-响应（request-response）：在请求-响应操作中，客户通过客户端向服务器端点发送请求消息，服务器端点或是 Web 服务处理请求并向客户端返回响应。与 HTTP 中的请求-响应模式类似，请求-响应操作是 Web 服务中应用最普遍的传输原语。请求-响应操作的语法如下：

```
<wsdl:definitions ... >
    <wsdl:portType ... > *
        <wsdl:operation name="nmtoken" parameterOrder="nmtokens">
            <wsdl:input name="nmtoken"? message="qname"/>
            <wsdl:output name="nmtoken"? message="qname"/>
            <wsdl:fault name="nmtoken" message="qname"/>*
        </wsdl:operation>
    </wsdl:portType >
</wsdl:definitions>
```

input 与 output 元素分别指定了请求与响应中的抽象消息格式。fault 元素可选，用于指定操作过程中可能输出的错误消息格式。

(4) 要求-响应(solicit-response)：在要求-响应操作中，服务端发送消息到客户端，并等待接收来自客户端的响应。要求-响应操作的语法如下：

```
<wsdl:definitions... >
    <wsdl:portType... > *
        <wsdl:operation name="nmtoken" parameterOrder="nmtokens">
            <wsdl:output name="nmtoken"? message="qname"/>
            <wsdl:input name="nmtoken"? message="qname"/>
            <wsdl:fault name="nmtoken" message="qname"/>*
        </wsdl:operation>
    </wsdl:portType >
</wsdl:definitions>
```

4. 端口类型 portType

与 Java 中的接口类似，portType 元素(在 WSDL 2.0 中表示为 interface)是 Web 服务中抽象操作的集合，包含了操作中所涉及的消息。它抽象描述了 Web 服务所提供的功能。端口类型语法如下：

```
<wsdl:definitions ... >
    <wsdl:portType name="nmtoken">
        <wsdl:operation name="nmtoken" ... /> *
    </wsdl:portType>
</wsdl:definitions>
```

5. 绑定 binding

binding 元素描述了如何获取服务。绑定元素为端口类型中的操作及消息定义了具体的传输协议和消息传送类型。一个给定的端口类型可以有任意数量的绑定。绑定既可以基于 SOAP，也可以通过 HTTP GET/POST 或 MIME/SMTP。绑定元素语法如例 7.1 所示。

例 7.1　绑定元素语法定义。

```
<wsdl:definitions... >
    <wsdl:binding name="nmtoken" type="qname"> *
    <-- extensibility element (1) --> *
```

```
        <wsdl:operation name="nmtoken"> *
            <-- extensibility element (2) --> *
            <wsdl:input name="nmtoken"? > ?
                <-- extensibility element (3) -->
            </wsdl:input>
            <wsdl:output name="nmtoken"? > ?
                <-- extensibility element (4) --> *
            </wsdl:output>
            <wsdl:fault name="nmtoken"> *
                <-- extensibility element (5) --> *
            </wsdl:fault>
        </wsdl:operation>
    </wsdl:binding>
</wsdl:definitions>
```

其中的扩展元素(3)、(4)、(5)用于描述输入、输出、错误消息的具体语法，元素(1)、(2)描述了每个绑定信息及每个操作的绑定信息。

6. 端口 port

端口(在 WSDL 2.0 中表示为 endpoint)是承载操作的端点，即一个单一服务的访问点，通过具体的 Web 访问地址和绑定来进行定义。端口元素语法如下：

```
    <wsdl:definitions ... >
        <wsdl:service ... > *
            <wsdl:port  name="nmtoken" binding="qname"> *
            <-- extensibility element (1) -->
            </wsdl:port>
        </wsdl:service>
    </wsdl:definitions>
```

其中的扩展元素(1)用于指定端口的地址信息。

7. 服务 service

service 元素定义了在何处获取服务。服务是端口的集合，即相关的服务访问点的结合。服务告知用户可以使用不同的协议访问 Web 服务，同时给出了 Web 服务的具体访问地址。服务元素语法如下：

```
    <wsdl:definitions... >
        <wsdl:service name="nmtoken"> *
            <wsdl:port ... />*
        </wsdl:service>
    </wsdl:definitions>
```

总而言之，portType 元素定义了服务提供的功能，binding 元素描述了如何使用 Web 服务，port 和 service 给出了 Web 服务的地址。图 7.4 描述了 WSDL 的模型。

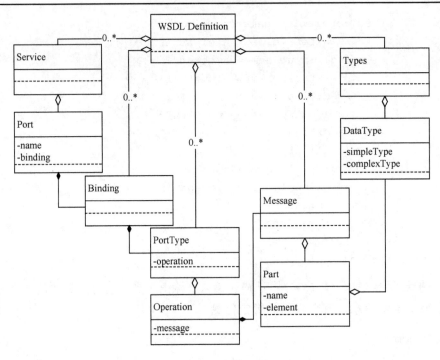

图 7.4　WSDL 的模型

7.2.2　WSDL 结构

　　WSDL 涉及服务的数据类型、操作、消息绑定和网络位置等方面的信息。为了增强模块性，实现重用，WSDL 遵循接口与实现相分离的原则，将服务描述分为了服务接口定义和服务实现两部分。

　　WSDL 服务接口部分描述了 Web 服务的应用程序接口，该部分抽象定义了消息、操作和端口类型。这些抽象定义与其具体的网络部署或数据格式的绑定是分隔开的，从而实现重用。

　　WSDL 服务实现部分将抽象接口绑定到具体的网络地址、协议和数据结构。它包含绑定、端口和服务这几个元素。此外，通过 import 元素，服务实现文档中可以包含对多个服务接口文档的引用。

　　图 7.5 描述了一个简单的 WSDL 文档结构。

WSDL服务
接口文档

```
<definition...>
    <import...>
    <types.../>
    <portType...>
        <operation...>
            <message.../>
        </operation>
    </portType>
</definition>
```

WSDL服务
实现文档

```
<definition...>
    <import...>
    <binding.../>
    <service...>
        <port.../>
    </service>
</definition>
```

图 7.5　WSDL 文档结构

7.2.3　WSDL 应用实例

　　为便于读者理解，本节详细分析一个购票系统的 WSDL 实例。该购票系统服务包含用户登录、订单选择、订单取消和添加订单等功能。

　　(1)声明命名空间。definitions 元素中必须先声明各种命名空间。

例 7.2　购票系统 WSDL 命名空间声明。

```
xmlns:xsd="http://www.w3.org/2001/XMLSchema"
xmlns:wsdl="http://schemas.xmlsoap.org/wsdl/"
xmlns:tns="http://server.nuaa.com/"
xmlns:soap="http://schemas.xmlsoap.org/wsdl/soap/"
xmlns:ns1="http://schemas.xmlsoap.org/soap/http"
name="AllServiceImplService" targetNamespace="http://server.nuaa.com/">
```

（2）指定消息类型。如用户登录消息 userLogin 中包含用户名 username 和密码 password 两个字符串类型的变量。

例 7.3　登录操作消息定义。

```
<wsdl:message name="userLogin">
    <wsdl:part name="username" type="xsd:string">
    </wsdl:part>
    <wsdl:part name="password" type="xsd:string">
    </wsdl:part>
</wsdl:message>
```

（3）定义端口类型。端口类型是操作的集合，下例中包含添加用户 addUser、用户登录 userLogin、取消订单 cancelOrder、确认订单 verifyOrder 及添加订单 addOrder 等操作。这些操作都是请求-响应类型，包含输入和输出消息。

例 7.4　端口类型定义。

```
<wsdl:portType name="IAllService">
    <wsdl:operation name="addUser">
        <wsdl:input message="tns:addUser" name="addUser">
        </wsdl:input>
        <wsdl:output message="tns:addUserResponse"
        name="addUserResponse">
        </wsdl:output>
    </wsdl:operation>
    <wsdl:operation name="userLogin">
        <wsdl:input message="tns:userLogin" name="userLogin">
        </wsdl:input>
        <wsdl:output message="tns:userLoginResponse"
        name="userLoginResponse">
        </wsdl:output>
    </wsdl:operation>
    <wsdl:operation name="cancelOrder">
        <wsdl:input message="tns:cancelOrder" name="cancelOrder">
        </wsdl:input>
        <wsdl:output message="tns:cancelOrderResponse"
        name="cancelOrderResponse">
        </wsdl:output>
    </wsdl:operation>
    <wsdl:operation name="verifyOrder">
```

```
            <wsdl:input message="tns:verifyOrder" name="verifyOrder">
            </wsdl:input>
            <wsdl:output message="tns:verifyOrderResponse"
            name="verifyOrderResponse">
            </wsdl:output>
        </wsdl:operation>
        <wsdl:operation name="addOrder">
            <wsdl:input message="tns:addOrder" name="addOrder">
            </wsdl:input>
            <wsdl:output message="tns:addOrderResponse"
            name="addOrderResponse">
            </wsdl:output>
        </wsdl:operation>
        ...
    </wsdl:portType>
```

(4) 实现绑定。该例基于 SOAP 进行绑定。

例 7.5　绑定操作举例。

```
    <wsdl:binding name="AllServiceImplServiceSoapBinding" type="tns:IAllService">
    <soap:binding style="rpc" transport="http://schemas.xmlsoap.org/soap/http"/>
        ...
        <wsdl:operation name="cancelOrder">
        <soap:operation soapAction="" style="rpc"/>
            <wsdl:input name="cancelOrder">
            <soap:body namespace="http://server.nuaa.com/" use="literal"/>
            </wsdl:input>
            <wsdl:output name="cancelOrderResponse">
            <soap:body namespace="http://server.nuaa.com/" use="literal"/>
            </wsdl:output>
        </wsdl:operation>
        <wsdl:operation name="userLogin">
        <soap:operation soapAction="" style="rpc"/>
            <wsdl:input name="userLogin">
            <soap:body namespace="http://server.nuaa.com/" use="literal"/>
            </wsdl:input>
            <wsdl:output name="userLoginResponse">
            <soap:body namespace="http://server.nuaa.com/" use="literal"/>
            </wsdl:output>
        </wsdl:operation>
        ...
    </wsdl:binding>
```

(5) 定义服务。服务是端口的集合，端口与特定的绑定相对应。

例 7.6　服务定义。

```
    <wsdl:service name="AllServiceImplService">
        <wsdl:port binding="tns:AllServiceImplServiceSoapBinding" name=
```

```
    "AllServiceImplPort">
    <soap:address location="http://localhost:8081/WS-ticket_2/ws/allService"/>
    </wsdl:port>
</wsdl:service>
```

　　注意，WSDL 的文档设计使得其易于被计算机进行处理，利用已有工具可以根据源代码直接生成 WSDL 而不需要手动编写。微软的 Visual Studio.NET 和 Oracle Developer 等都支持 WSDL 的自动生成。如.NET 中包含的 wsdl.exe 工具可以根据代码生成 WSDL 文档，也可以根据 WSDL 文档生成存根。此外，JAX-RPC（Java API for XML-based RPC）中也包含了支持 Java 代码与 WSDL 文档相互转换的工具。

7.3　本章小结

　　本章引入了 XML 的一个重要应用——Web 服务，并介绍了 Web 服务描述语言 WSDL。Web 服务是通过 Web 进行描述、发布、发现和访问的完整模块式应用程序，具有自包含、自描述性、封装性、松散耦合等特点。典型的 Web 服务体系结构是基于三个角色的交互模型。Web 服务技术架构为 Web 服务的实现提供了强力的支持。其中，WSDL 基于 XML，描述了服务所提供的操作、服务的驻留地址、如何进行服务调用等信息。服务提供者发布服务的 WSDL 信息，请求者可以根据 WSDL 中的信息调用服务或与服务进行交互。总而言之，XML 是 Web 服务的重要基础，Web 服务是 XML 的重要应用。

第 8 章 XML 与 Web 服务发现和访问

在过去的几年里，企业间利用基础的互联网架构来实现一些特别的业务交流。现在，新兴的 Web 服务能为应用之间的交互提供一个系统的、可扩展的框架，这个框架建立在现有 Web 协议的顶层，并且基于开放的 XML 标准。Web 服务旨在通过在线应用的描述、定位、交流，定义一个标准化的机制来简化实际的服务过程。本质上来说，每一个应用都是可访问的并且是开放标准描述的 Web 服务的一个组件。

现在，Web 服务技术是一项新兴的技术，研究者们仍在致力于发展一些重要方面，如服务质量描述、交互模型等。Web 服务的框架被分为三个方面：通信协议、服务描述、服务发现，同时还有与它们一起发展的规范说明。本章主要介绍 Web 服务通信协议 SOAP、Web 服务发现和注册的 UDDI 规范。

8.1 SOAP

8.1.1 SOAP 简介

SOAP（Simple Object Access Protocol，简单对象访问协议）是一个基于 XML 的通信协议，主要用来进行应用程序之间的通信，它以 XML 作为数据传输格式，可以使用 HTTP、SMTP 和 SIP 等协议来交换 XML 格式的信息。SOAP 曾经代表 Simple Object Access Protocol，这种缩写已经在标准的 1.2 版后被废止了，因此现在它仅仅代表一个名字。由于 XML、HTTP 和 SMTP 协议都具有平台无关性，因此 SOAP 可以方便地在异构系统之间进行通信。现在，SOAP 是占主导地位的 Web 服务消息传输协议。简单来说，一个 SOAP 消息是一个遵循 SOAP 编码规则的 HTTP 请求或响应。

SOAP 是一个轻量级协议，即 SOAP 仅具有两个基本特性：SOAP 能接收或发送 HTTP（或其他的）传输协议包，并可处理 XML 消息。诸如 SOAP 协议，在设计时都需要参考一些具体的标准，包括简洁性、协议效率、耦合性、可伸缩性和互操作性。

通常从上述特征出发来对协议进行综合评价，完美的协议并不存在。SOAP 是一个松耦合的协议，具有良好的互操作性，但是在协议的简洁性上有所欠缺。由于 SOAP 是一种基于文档的协议，SOAP 显得非常冗长，从而影响了协议的效率。SOAP 通常使用 HTTP，SOAP 本质上具有很强的可伸缩性。

简而言之，SOAP 是一个在服务实例之间传送消息的网络应用协议，这些服务实例是使用 WSDL 进行描述的。如图 8.1 所示，SOAP 消息使用诸如 HTTP 等不同的协议来

图 8.1 Web 服务通信分层协议

传送消息。SOAP 描述了如何将消息格式化，但是并没有规定如何传送消息，因此必须将消息嵌入在传输层协议中。

如同 HTTP 协议那样，SOAP 协议是一种基于字符的协议，这样 SOAP 协议更容易被保护，同时 SOAP 依赖成熟的协议(如 HTTP)，使得它能成为电子商务的基础。由于 SOAP 传输的是字符，因此它的效率并不理想。在某些情况下，SOAP 消息的头部占用字符很多，甚至远大于消息的有效负载。

Web 服务之间可以使用单向消息传送或者请求/响应消息传送。在单向消息传送中，SOAP 消息沿着一个方向传送，从发送者到接收者。在请求/响应消息传送中，SOAP 消息从发送者传送给接收者，然而接收者将返回一个响应给发送者。此外，SOAP 还支持请求/响应(solicit/response)、通知、连续的对等模式等其他消息交换模式。由于 SOAP 是一种无状态的协议，SOAP 消息彼此间不相关，所以 SOAP 无法用来描述双向的或多方的交互。图 8.2 显示了简单的单向消息模式，发送者并不接收响应。图 8.3 显示了请求/响应消息模式，接收者能够将响应传送给发送者。

图 8.2　单向传递消息

图 8.3　请求/响应消息传送交换模式

8.1.2　SOAP 消息结构

一个 SOAP 消息实质上是一个 XML 文档。SOAP 消息包含一个信封(Envelope)元素，Envelope 元素必须包含一个消息体(Body)元素，并可以包括(也可以不包括)一个头部(Header)元素。SOAP Envelope 是 SOAP 消息必须运载的主要的端到端信息。SOAP Header 元素包含一些信息块，这些信息块主要关于如何处理消息。Header 元素的直接孩子元素称为"头块"，表示为一个数据逻辑分组。将消息从发送者传送到最终接收者的路径中有一些 SOAP 节点，这些数据逻辑分组可以描述这些 SOAP 节点。SOAP 消息的结构如图 8.4 所示。

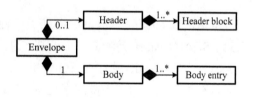

图 8.4　SOAP 消息结构

1. SOAP 信封

SOAP 的目的是提供一种在两个端点之间传输消息的统一方式。SOAP 信封用来封装任何用于交换的 XML 文档。SOAP 信封还提供了一种扩大有效载荷的方式，可添加一些附加信息，这些附加信息可以将消息路由到最终目的地。SOAP 信封是每一个 SOAP 消息单一的根。对于遵循 SOAP 的消息，必须出现 SOAP 信封。Envelope 元素定义了框架，可用来描述在消息里有什么以及怎样处理这些消息。

例 8.1 显示了 SOAP 消息的结构，其中 Envelope 元素是根元素，该元素可以包含(也可以不包含)一个 Header 部分，但一定需要包含一个 Body 部分。Body 元素定义了特定应用的数据。如例 8.1 中的片段所示，SOAP 消息可以有一个 XML 声明，该声明可以指定所使用的 XML 版本及编码格式。

例 8.1 SOAP 中的 XML 声明。

```
<?xml version="1.0" encoding=UTF-8?>
<env:Envelope
    xmlns:env="http://www.w3.org/2003/05/soap-envelope">

<env:Header><!- - optional - ->
<! - - header blacks go here ... - - >
</env:Header>

<env:Body>
<! - - payload or Fault element goes here ... - ->
</env:Body>
</env:Envelope>
```

与通常的情况类似，使用关键字 xmlns 来声明 SOAP 命名空间。实际上为了将信封标签标识为属于 SOAP 命名空间，它必须包含对 SOAP 信封命名空间 URI 的引用。SOAP 信封可以规定编码规则集，这个规则集可将所定义应用的 XML 数据进行串行化。提供者和请求者都必须遵循编码规则。

例 8.2 SOAP 信封样例。

```
<env:Envelope
    xmlns:env="http://www.w3.org/2003/05/soap-envelope"
    env:encodingStyle=http://schemas.xmlsoap.org/soap/encoding>
</env:Envelope>
```

2. SOAP 头部

SOAP Header 元素信息项提供了一种机制，即用一种分散和模块化的方式扩展 SOAP 消息。SOAP Header 提供了一个机制，可提供描述有效载荷的详细信息。当 SOAP 消息中包含 Header 时，Header 必须是 SOAP Envelope 元素的第一个子元素。SOAP Header 元素的模式允许在头部放置数量不限的子元素。Header 元素的直接子元素称为"头块"（Header block），并表示为一个数据逻辑分组。

Header 元素包含的信息项如下：

(1) 一个头部的本地名称。

(2) 一个http://www.w3.org/2003/05/soap-envelope命名空间。

(3) attributes 属性中包含 0 个或多个限定命名空间属性信息项。

(4) children 属性中包含 0 个或多个限定命名空间元素信息项。

每一个 SOAP 头块需要遵循以下法则：

(1) 必须有一个名称空间属性值，即必须限定元素的名称。

(2) 可以有任意数量的子字符信息项。那些在空白字符中被 XML 1.0 定义的子字符信息项是十分重要的。

（3）可以有任意数量的子元素信息项。这样的元素信息项可能是限定命名空间的。

（4）在 attributes 属性中可以有 0 个或多个属性信息项,在下面列出的条目中,都对 SOAP 处理有特殊的意义:

① encodingStyle 属性信息项;

② role 属性信息项;

③ mustUnderstand 属性信息项;

④ relay 属性信息项。

例 8.3　拥有单一 SOAP 头块的 SOAP 头部示例。

```
<env:Header xmlns:env="http://www.w3.org/2003/05/soap-envelope" >
<t:Transaction xmlns:t="http://example.org/2001/06/tx"
               env:mustUnderstand="true" >
   5
</t:Transaction>
</env:Header>
```

3. SOAP 消息体

在消息交换中,具体应用的 XML 数据(有效载荷)存放在 SOAP 体中。SOAP 消息必须包含 Body 元素,并且该元素必须是 Envelop 的直接后代。SOAP 体可以包含任意数目的子元素,也可以为空。Body 元素的直接子元素都必须有合适的命名空间。默认情况下,SOAP 体的内容可以是任何 XML,并且并不局限于任何专门的编码规则。SOAP 体必须包含在信封中,并且必须位于消息中所定义的任何头部之后。SOAP 消息体提供了一种传递信息的机制。

消息体的元素信息项包括:

（1）一个消息体的本地名称。

（2）一个 http://www.w3.org/2003/05/soap-envelope 命名空间。

（3）attributes 属性中包含 0 个或多个限定命名空间属性信息项。

（4）children 属性中包含 0 个或多个限定命名空间元素信息项。

8.1.3　SOAP 通信模型

SOAP 支持两类通信方式:RPC 和文档(消息)。其中 RPC 分为 RPC/Literal 和 RPC/ Encoded 两种形式,文档分为 Document/Literal 和 Document/Encoded 形式。WS-I Basic Profile 1.0 仅允许使用 RPC/Literal 或 Document/Literal,同时规定不使用 RPC/Encoded 和 Document/ Encoded。

1. RPC 类型的通信模型

RPC 类型的 Web 服务显现为客户端应用的一个远程对象。客户端和 RPC 类型的 Web 服务之间进行交互,这类交互主要围绕具体服务的接口。客户端将请求作为含有变量集的方法调用,返回的响应将包含返回值。

在 RPC/Literal 消息传送中,SOAP 消息能够发出带参数的方法调用,并获得返回值。在 SOAP 信封中,打包为 RPC/Literal 的规则非常简单:

（1）URI 标识了所需调用的传输地址。

(2) RPC 请求消息包含方法名和调用的输入参数。这个方法调用始终格式化为单个结构，其中 in 或 in-out 参数建模为结构中的一个域。

(3) 名字和参数的物理顺序必须与所调用方法的名字和参数的物理顺序一致。

(4) RPC 响应消息包含返回值和任何输出参数（或者出错消息）。响应结构被建模为一个结构。方法签名中的每一个参数建模为结构中的一个域。方法响应类似于响应结构中的方法调用。

当传输 RPC 消息时，通过 HTTP 绑定可以将请求自动绑定到对应的响应上，这是 HTTP 绑定的一个很有用的特性。由于应用中客户端可能与多个提供者进行通信，因此这个特性对于应用很重要。在这种情况下，应用可能有几个请求，因此需要将抵达的响应与对应的请求关联起来。

2. 文档类型的通信模型

可以使用 SOAP 来交换文档，这些文档可以包含任何类型的 XML 数据。对于各种类型的系统，既可以是企业内的系统也可以是业务伙伴间的系统，可以将它们集成为一个透明的异构系统，从而完全复用代码。与其他的路由消息传送、分布式访问协议（如 Java RM I 协议或 CORBA 协议）不同，SOAP 并不提供将源和目的地信息编码装进信封的一些方式，而是由各个客户端决定将信息传送到哪里、如何传送信息。例如，在 Web 服务应用中，Web 服务基础设施决定如何发送 SOAP 消息、将 SOAP 发送到哪里。在 SOAP 体中发送没有编码的 XML 内容通常称为文档型 SOAP。这种类型 SOAP 将消息视为 XML 文档，而不是作为编码为 XML 的抽象数据类型。在文档型 SOAP 应用中，对于 SOAP Body 元素的内容没有限制。

文档型 Web 服务属于消息驱动型的服务。当客户端调用一个消息类型的 Web 服务时，客户端通常发送如订购单等整个文档，而不是发送一些离散的参数集。由于调用 Web 服务的客户端无须等待响应就可继续向下运行，因此它属于异步类型。

在 Document/Literal 模式的消息传送中，SOAP body 元素包含 XML 文档片段、良好的 XML 元素。这些良好的元素包含任意的应用数据，而这些应用数据属于与 SOAP 消息分离的 XML 模式和命名空间。

8.2　UDDI

8.2.1　UDDI 简介

UDDI（Universal Description Discovery and Integration，统一描述、发现和集成）是由 OASIS 组织发起并认可的，是 Web 服务栈（Web Service Stack）中的一个关键成员协议。它为发布和发现基于互联网且面向服务架构的软件组件定义了一个标准方法，并且它由 OASIS UDDI 规范技术委员会维护和改进。UDDI 规范定义了一组 Web 服务和用于发布、检索、管理服务信息的接口。UDDI 与其他几个已确立的工业化标准有着紧密联系，包括 HTTP、XML、XML Schema、SOAP 和 WSDL。UDDI 和 Web 服务栈中其他几个协议的概念关系如图 8.5 所示。

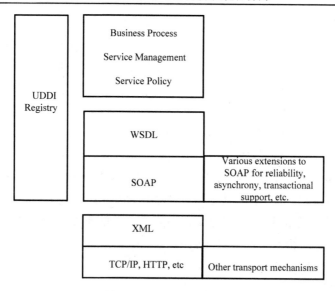

图 8.5　Web 服务协议栈

UDDI 旨在建立一个全球化的、与平台无关的、开放式的框架，从而使得企业能发现彼此的服务，并定义这些服务如何通过互联网进行交互，同时注册库中的信息能在全球范围内被共享，可以加速电子商务的发展。

UDDI 注册库包含了 Web 服务的轻量级数据。UDDI 作为注册库的主要功能是提供它所描述的资源的网络地址。UDDI 业务注册库(UBR)是 UDDI 规范的核心概念，它是一个用来描述业务实体和它所拥有的 Web 服务的 XML 文档。可以把 UDDI 业务注册库看作是一个特别的"黄页"。黄页主要是基于标准商业分类法对信息进行分类(如工业分类索引、服务和产品分类索引、地理分类索引等)，通过黄页，企业可以发现按照具体行业进行分类的公司。

这样的一个注册库，不是用在公共网络上，就是用在企业内部的基础设施上，都为 Web 服务的分类、登记和管理提供一个标准化的机制，基于此它们可以被其他应用所发现和使用。

关于 UDDI 的关键功能性概念包括：

(1)UDDI 数据模型：UDDI 规范定义的核心数据类型包括服务的业务功能描述，服务发布者的信息，服务的技术细节和它提供的 API，还有一些其他的元数据。这几个数据类型是在多个 XML Schema 下定义的，它们共同形成了一个基础的 UDDI 注册库的信息模型和交互框架。它们包括：

① 服务业务功能的描述(称为 businessService)；

② 关于提供该服务的组织信息(称为 businessEntity)；

③ 服务的技术细节，包括一个对服务编程接口或 API 的参考说明；

④ 各种其他属性或元模型，如分类、传输、数字签名等；

⑤ 注册库中各实体之间的关系(称为 publisherAssertion)；

⑥ 跟踪列表中实体变化的长期请求(称为 subscription)。

(2)定义 UDDI 节点和注册库：UDDI 包括一个特别的定义，这个定义是关于 UDDI 实现中，单个实例与其他和这个实例相关联的实例之间的层次关系。技术层面上来说，存在三个 UDDI 服务器的主要分类：

　　① 一个节点是 UDDI 的一个服务器，它至少支持规范中所定义的最小功能集。它可能执行它所访问的 UDDI 数据上的一个或多个功能，它也是 UDDI 注册库中的一个成员。

　　② 一个注册库包含一个或多个节点。一个注册库执行规范中定义的一个完整的功能集。

　　③ 附属注册库是个人的 UDDI 注册库，用来实现基于策略的附属注册库之间的信息分享。附属注册库基于 UDDI 键而共享一个命名空间，UDDI 键用来唯一的标志数据记录。

　　(3) 基本编程接口 (Essential Programmatic Interfaces)：一个 UDDI 注册库将提供几个关键功能，如向注册库发布服务信息、在一个注册库中搜索某个服务的信息。

　　这些调查和发布函数代表了 UDDI 注册库的核心数据管理工具。另外，UDDI 定义了多个注册库如何形成一个组，这个组被称为一个附属 (affiliation)，用于在多个注册库之间对核心数据进行基于策略的复制。部分支持注册库交互的重要概念如下：

　　① 服务数据的复制和数据保管权的转移；

　　② 注册密钥生成和管理；

　　③ 注册订阅 API 集；

　　④ 安全性和授权。

　　UDDI 规范把这些函数分成"节点 API 集"和"客户 API 集"，前者以 UDDI 服务器作为支撑，后者以 UDDI 客户作为支撑。

8.2.2　UDDI 数据结构

　　UDDI 定义了五种数据类型结构，以指定注册中心中的某个项。将一项分成这五种数据结构会使搜索和理解不同类型的信息变得容易许多。这五种数据结构均用一个 XML 文档表示，包含技术和描述性信息，如图 8.6 所示。

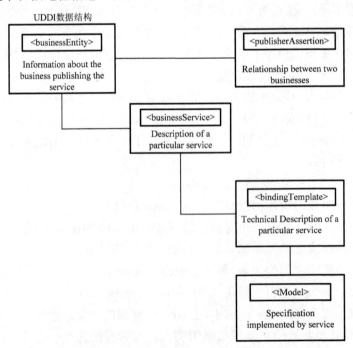

图 8.6　UDDI 模型数据结构

表 8.1 概括了在用于 Web 服务或业务注册应用程序时，这些结构之间的不同。

表 8.1　不同应用场景下的 UDDI 数据结构

数据结构	Web 服务	业务注册
businessEntity	表示 Web 服务提供商： 　公司名 　详细联系信息 　其他业务信息	表示公司或公司中的部门： 　公司名 　详细联系信息 　标识符和类别
businessService	一个或多个 Web 服务逻辑组。 具有单个名称作为子元素进行存储的 API，包含在以上指定的业务实体中	一组服务可能驻留在单个 businessEntity 中。 多个名称和描述 类别 与标准兼容的指示器
bindingTemplate	单个 Web 服务。 客户端应用程序绑定目标 Web 服务及与之交互所需的技术信息。 包含访问点(即调用 Web 服务的 URI)	与标准兼容的其他实例。 以 URL、电话号码、电子邮件地址、传真号码或其他相似地址类型表示的服务访问点
tModel	表示技术规范；通常为规范指针，或有关规范文档的元数据，包括实际规范的名称和指向它的 URL。在 Web 服务上下文中，实际规范文档以 WSDL 文件的形式存在	表示用户针对特定用途注册或适当建立的标准或技术规范

1.　服务提供者信息

企业的合作伙伴或者客户需要了解服务的所在地的信息及服务提供方的信息。下面对服务提供者信息进行介绍。

1) businessEntity 元素

businessEntity 元素中包含一些核心 XML 元素(如 UDDI Business Registry、UDDI 业务注册等)，这些元素可支持业务信息的发布和发现。该 XML 元素作为顶层结构，包含特定业务单元(服务提供者)的白页信息。在 UDDI 中，可使用 businessEntity 结构对业务和提供者进行建模。businessEntity 结构包含有关业务、提供者的描述信息，以及提供者所提供的服务描述信息。这包括以多种语言表示的名字和描述信息、联系信息和分类信息等。

一些提供者元素与 businessEntity 实体所表示的组织相关。所有其他的非业务元素和这些提供者元素，如服务描述、技术信息，都可包含在 businessEntity 实体中或者被嵌套在 businessEntity 实体中的其他元素引用。例如，在 businessEntity 结构中可包含 businessService，businessService 描述了业务或者组织所提供的逻辑服务。类似地，bindingTemplate 包含在一个具体的 businessEntity 中，对于 businessService 所描述的逻辑服务，bindingTemplate 提供了该逻辑服务所包含的 Web 服务的技术描述。

2) businessService 元素

每个 businessEntity 结构包含一个或多个 businessService 结构。businessService 结构描述由企业提供的经过分类的一组服务。businessService 元素不是由一个 businessEntity 元素拥有，而是可以在多个企业之间共享。

2.　Web 服务描述信息

顶层实体 businessEntity 声明了一个称为 businessService 实体的元素。businessEntity 实

体可以依次包含一个或多个 businessService 数据结构，其中每一个 businessService 构成都是一个 businessEntity 的逻辑后代。

businessService 是一个描述性的容器。对于一系列的与业务流程或服务类别相关的 Web 服务，可以用 businessService 结构对这些 Web 服务进行分组。此外，businessService 也可以向使用者传递一些如 Web 服务描述、分类细节等与服务相关的信息。每一个 businessService 都概括了其中包含的各个 Web 服务的作用，如一个 businessService 结构能包含业务所提供的一个订购单集合。

一个 businessService 包含一个或者多个 bindingTemplate 实体。它们之间的关系类似于 WSDL service 与 WSDL port 元素之间的关系。

包含在 businessService 元素中的信息映射到有关公司的"黄页"信息。在 UDDI 中，可以用 XML 模式复合类型来描述 businessService 结构。

businessEntity 是 businessService 的提供者，每一个 businessService 元素都包含在一个 businessEntity 中。businessService 的简单文本信息可以用多种语言表示，主要包括它的名字和服务的简单描述。businessService 数据结构中所包含的 categoryBag 元素与在 businessEntity 结构中所使用的类型相同。categoryBag 包含一个业务类别列表，每一个业务类别描述了 businessService 的一个具体业务方面（如领域、产品种类或所在地）。一个特定的 businessService 包含一个 bindingTemplate 元素。bindingTemplate 元素是一个关于所提供的 Web 服务的技术描述列表。

3. Web 服务访问与技术信息

精确地说，每一个 bindingTemplate 表示一个不同的 Web 服务 port 或 bingding。bindingTemplate 元素描述了调用服务所需的所有访问信息。相比于 businessEntity 和 businessService，bindingTemplate 元素提供了应用绑定 Web 服务所需要的技术信息，以及与所描述的 Web 服务进行交互所需的技术信息，而 businessEntity 和 businessService 结构则提供了有关提供者和服务的一些辅助信息。bindingTemplate 元素必须包含下列两者之一：①一个特定的服务接入点；②通向接入点的间接途径。

当定义 bindingTemplate 结构时，设计者声明 accessPoint 元素或 hostingRidirector 元素，但不能同时声明这两个元素。accessPoint 元素是一个指向服务进入点的属性指针。换句话说，accessPoint 元素提供了 Web 服务精确的电子地址。有效的接入点能够包括 URL、电子邮件，甚至一个电话号码。accessPoint 有一个 URLType 属性，可以帮助搜索与特定服务类型相关的接入点。一个 bindingTemplate 仅有一个 accessPoint 元素。假如可以通过多个 URL 访问一个 Web 服务，则必须针对每一个 URL 定义一个不同的 bindingTemplate 结构。hostingRidirector 元素标识了实际的 bindingTemplate 元素，该实际的 bindingTemplate 指向最终提供所需的绑定信息的另一个 bindingTemplate。假如对于一个特定的 bindingTemplate 有多个服务描述，或者服务驻留在原地，则重定向是非常有用的。

仅了解一个 Web 服务的所在地是远远不够的，我们需要了解服务的相关细节。通过 UDDI tModel（technology model）可以实现这一目标。使用 UDDI 注册库存储 WSDL 服务的信息的最佳做法是：bindingTemplate 包含两个不同的 tModelKey 属性，这两个属性指向一个具体的 Web 服务的两个不同 tModel。一个文件包含了服务的 portType 的 WSDL 描述，另一个文件则包含了 binding 的 WSDL 描述，两个 tModel 条目分别指向这两个文件。正如 WSDL 一样，UDDI 也对抽象和实现进行明显的区分。事实上，正如我们已经看到的，tModel 提供技术指纹、元数据的抽象类型、接口。

4. 发布者断言结构

因为许多企业的描述和发现很可能是不一样的，所以有时单个的 businessEntity 并不能有效地表示许多企业。例如，大型跨国企业有许多部门，对于他们所提供的 Web 服务，这些部门可能需要创建他们自己的 UDDI 条目，但是仍然希望被视为该企业的一部分。因此，可以发布多 businessEntity 结构，每一个 businessEntity 结构表示企业的一个部门或一个子公司。使用 publishAssertion 结构可以实现这一目标。

publisherAssertion 结构包含有关双方之间由一方或者双方断言的关系。许多企业(如大公司或商场)不能用单个 businessEntity 来有效地表示。publisherAssertion 用来表示企业之间的关系。publisherAssertion 结构的内容包含第一家企业的键(fromKey)、第二家企业的键(toKey)和引用(keyedReference)，该引用按照 tModel 中的 keyName、keyValue 对指定断言的关系。

8.2.3　WSDL 到 UDDI 的映射

UDDI 和 WSDL 都清晰地、系统地刻画了接口和实现，因此它们之间可以相互补充、相互协作。通过解耦 WSDL 规范，并将它注册在 UDDI 中，我们能够使用标准接口(这些标准接口可以有多个实现)来构成 UDDI，从而业务应用可以共享接口。

如前所述，UDDI 提供了一个发布和发现服务描述的方法。对于 UDDI 业务和服务条目中的信息而言，在 WSDL 文档中定义的服务信息是对它的补充。UDDI 的目标是提供多种类型的服务描述，它并不直接支持 WSDL。由于 UDDI 和 WSDL 都对接口和实现有着清晰的区分，它们可以协同工作。本节的重点是如何将 WSDL 服务描述映射到 UDDI 注册库，这将涉及目前已有的一些 Web 服务工具以及运行环境。

WSDL 文档被分为两种类型：服务接口(Service Interface)和服务实现(Service Implementations)。

服务接口由 WSDL 文档来描述，这种文档包含服务接口的 types、import、message、portType 和 binding 等元素。服务接口包含用于实现一个或多个服务的 WSDL 服务定义。它是 Web 服务的抽象定义，并被用于描述某种特定类型的服务。

通过使用一个 import 元素，一个服务接口文档可以引用另一个服务接口文档。例如，一个仅包含 message 和 portType 元素的服务接口可以被另一个仅包含此 portType 绑定的服务接口引用。

WSDL 服务实现文档将包含 import 和 service 元素。服务实现文档包含实现一个服务接口的服务描述。import 元素中至少会有一个将包含对 WSDL 服务接口文档的引用。一个服务实现文档可以包含对多个服务接口文档的引用。

WSDL 服务实现文档中的 import 元素包含两个属性：namespace 属性和 location 属性。namespace 的属性值是一个与服务接口文档中的 targetNamespace 相匹配的 URL。location 属性是一个用于引用包含完整的服务接口定义的 WSDL 文档的 URL。port 元素的 binding 属性包含对服务接口文档中的某个特定绑定的引用。

服务接口文档由服务接口提供者开发和发布。服务实现文档由服务提供者创建和发布。服务接口提供者与服务提供者这两个角色在逻辑上是分离的，但他们可以是同一个商业实体。

服务接口表示服务的可重用定义，它在 UDDI 注册中心被作为 tModel 发布。

服务实现描述服务的实例，每个实例都是使用一个 WSDL service 元素定义的。服务实现文档中的每个 service 元素都被用于发布 UDDI businessService。

当发布一个 WSDL 服务描述时，在服务实现被作为 businessService 发布之前，必须将一个服务接口作为一个 tModel 发布。

1. 发布服务接口

在 UDDI 注册中心，服务接口被作为 tModel 发布。tModel 由服务接口提供者发布。tModel 中的一些元素是使用来自 WSDL 服务接口描述中的信息构建的。表 8.2 定义创建 tModel 步骤。

表 8.2　创建 tModel 的步骤

UDDI Model	WSDL 服务接口	描　　述	必需
Name	definitions 元素的 targetNamespace 属性	tModel 名称使用服务接口文档的目标名称空间设置。名称需要一致以确保只使用服务实现文档中的信息就可以定位 tModel	是
Description	definitions 元素中的 documentation 元素	tModel description 元素被限制为只能使用 256 个字符。这个元素的英文值可根据 definitions 元素的前 256 个字符设置（documentation 元素与服务接口文档中的 definitions 元素相关联）。如果 documentation 元素不存在，那么应该使用 definitions 元素中的 name 属性	否
overviewURL	服务接口文档 URL 和绑定规范	服务接口文档的位置必须在 overviewURL 元素中设置。如果服务接口文档中有多个绑定，那么必须在 URL 中对绑定进行编码	是
categoryBag	不可用	tModel 的 categoryBag 必须至少包含一个键控的引用。这个键控的引用必须包含一个对 uddi-org:types tModel 的引用，而且键名必须是 wsdlSpec。这个条目把 tModel 当作一个 WSDL 服务接口定义	是

2. 发布服务实现

服务实现在 UDDI 注册中心是作为带有一个或多个 bindingTemplate 的 businessService 发布的。businessService 由服务提供者发布。

UDDI businessService 将为服务实现文档中定义的每个 service 元素创建一个新的 businessService。表 8.3 中包含 businessService 元素列表，这些 businessService 元素可根据 WSDL 服务实现文档的内容创建。

表 8.3　实现文档内容创建的 businessService 元素描述

UDDI businessService	描　述	必需
name	businessService 的 name 元素根据服务实现文档中的 service 元素的 name 属性设置	是
description	description 元素根据 service 元素中的 documentation 元素的内容设置。description 元素的英文值根据与 service 元素关联的 documentation 元素中的前 256 个字符设置。如果 documentation 元素不存在，则 businessService 的 description 元素就没有被设置	否

UDDI bindingTemplate 元素是在 businessService 中为 service 元素中定义的每个 port 元素而定义的（表 8.4）。

表 8.4　UDDI bindingTemplate 元素描述

UDDI bindingTemplate	描　述	必需
description	如果 port 元素包含一个 documentation 元素，则就有一个 description 元素是根据 documentation 元素的前 256 个字符设置的	否
accessPoint	对于一个 SOAP 或 HTTP 绑定，accessPoint 是根据与 port 元素关联的扩展元素的 location 属性设置的。这个元素将包含 URL，且 URLType 属性是根据此 URL 中的协议设置的。对于不使用 URL 规范的协议绑定，应该使用 URLType 属性指出协议绑定的类型，并且 accessPoint 元素应该包含一个可用于定位使用指定协议的 Web 服务的值	是
tModelInstanceInfo	bindingTemplate 将包含自己引用的每个 tModel 的一个 tModelInstanceInfo 元素。至少将有一个 tModelInstanceInfo 元素包含对表示服务接口文档的 tModel 的直接引用	是
overviewURL	overviewURL 元素可能包含对服务实现文档的一个直接引用。对这个文档的引用仅用于提供可读文档的访问。这个文档中的其他所有信息都应该能够通过 UDDI 数据实体访问。通过维持对原始 WSDL 文档的直接引用，可以确保被发布的文档就是查找操作返回的那个。如果这个文档包含多个端口，则这个元素应该包含对端口名的直接引用。由于可能会有多个端口引用同一个绑定，只使用 tModel 中的直接引用是不够的。端口名被指定为 overviewURL 上的片段标识符。片段标识符是 URL 的一个扩展，使用"#"字符作为一个分隔符	否

8.3　本 章 小 结

本章着重介绍了 XML 与 Web 服务的发现和访问，对 SOAP 协议进行了详尽的介绍，包括 SOAP 的通信结构和 SOAP 支持的两类通信模型，对 UDDI 的介绍包括了 UDDI 的发展历程、UDDI 的数据结构和 WSDL 到 UDDI 的映射。本章旨在向读者呈现 XML 与用于 Web 服务注册、发现和访问协议之间的紧密联系，起到扩展知识面的作用。

第 9 章　XML 与 Web 服务组合

随着互联网的不断发展，Web 服务的功能需求不断增长，单个简单的 Web 服务并不能满足用户的需求。开发者将 Web 服务组合的思想逐渐地深入到 Web 服务的开发中。随着这几年的不断发展，Web 服务组合成为 Web 服务的主流方向，也为 Web 服务的发展提供了更为广阔的空间。本章将对 Web 服务组合的基本概念，技术标准以及 XML 在 Web 服务中的应用进行介绍。

9.1　Web 服务组合

Web 服务组合指的是将多个 Web 服务进行聚合。为了将单个的 Web 服务组合成具有适当复杂度的、可靠的、基于业务流程的解决方案，各种 Web 服务组合语言和技术就应运而生了。在本节中，介绍 Web 服务业务流程管理(Business Process Management，BPM)、工作流(Workflow)、Web 服务组合流模型和 Web 服务组合的基本知识。

9.1.1　业务流程管理

业务流程管理是一套达成企业各种业务环节整合的全面管理模式。业务流程管理涵盖了人员、设备、桌面应用系统、企业级 Backoffice 应用等内容的优化组合，从而实现跨应用、跨部门、跨合作伙伴与客户的企业运作。业务流程管理通常以 Internet 方式实现信息传递、数据同步、业务监控和企业业务流程的持续升级优化。业务流程管理的推出，是工作流技术和企业管理理念的一次划时代飞跃。

流程是一个具有起点和终点的有序的活动序列，它可以有输入(通过资源、信息等进行表示)和一个对应的输出(流程产生的结果)。因此也可以将流程定义为一个步骤序列：它由一个事件引起，然后对信息等进行转换，并产生一个输出。业务流程是实现既定的业务结果的一组逻辑不相关联的任务。(业务)流程视图意味着从横向查看业务组织，并且把流程看作为一组相互依赖的活动，这些活动将针对一个客户或市场生成一个具体的输出。业务流程定义了预期的结果、活动的背景、各活动之间的关系，以及和其他流程、资源的交互。当业务流程和活动序列的状态发生改变时，有可能会产生一些事件，业务流程可以接受这些事件。业务流程可以生成一个事件作为其他应用程序或流程的输入。业务流程也可以调用应用程序来完成计算功能，并且可以进行人机交互，向用户指派工作列表、要求用户执行相应的操作。业务流程不仅能够被度量，而且可以基于不同的指标(如成本、质量、时间和客户满意度)进行度量。

图 9.1 所示为一个企业简单的货物进出库业务流程图，库存信息中包含信息的输入和信息的输出，货物入库作为库存信息的输入信息，存入到库存信息中，货物出库是库存信息按照实际的需求做出输出，出库的信息将输入到出库信息报表中。

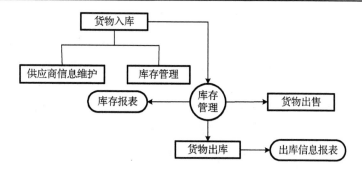

图 9.1　货物进出库业务流程图

在运行业务流程时，业务流程的定义可以有多个实例，每个操作彼此独立，且每个实例可以有多个并发执行的活动。流程实例是一个由工作流引擎制定(管理)的活动线程。一般而言，在运行时能够观察到流程实例、它的当前状态以及它的动作记录，并可按照业务流程定义进行表示，从而用户能确定业务活动的状态，业务专家也能监控该活动，并能因此识别出业务流程定义需要改进之处。

一般情况下，工作流应用与业务流程和它们的活动相关联，因此业务流程与工作流紧密相连。在第 2 部分中主要介绍工作流模型。

9.1.2　工作流

1993 年工作流管理联盟(Workflow Management Coalition，WfMC)作为工作流管理的标准化组织成立，标志着工作流技术逐步走向成熟。WfMC 对工作流给出定义：工作流是指一类能够完全自动执行的经营过程，根据一系列过程规则，将文档、信息或任务在不同的执行者之间进行传递与执行。

有关工作流的经典例子是贷款流程：如果用户要求贷款，首先要填一份表格，银行雇员检查这张表是否填写完整，审计员确认此信息，管理员会求助于其他的信用评估员或者使用信用风险评估工具。在贷款流程中每个人都能不断得到关于用户申请的信息，要求用户修改或增加内容并提交结果。

由于工作流是基于文档的生存周期和基于表单的信息处理，因此它通常支持良好定义的、静态的流程；同时业务流程能在软件中清晰地表达，因此工作流提供了透明性；工作流所生成的定义能够快速部署和改变，因此工作流也具有很高的灵活性。

工作流可定义为处理步骤的序列(业务操作、任务、事务的执行)，其中信息对象和物理对象由一个处理步骤传送到另一个处理步骤。

可使用面向流程的工作流实现流程自动化。那些流程的结构是良好定义的、稳定的，不会随着时间而变化的。工作流时常协调多个计算机上执行的子流程，并且较少需要用户的参与(仅在特定的情况下)。良定义的流程，如订单管理或贷款请求。一些面向流程的工作流可以有事务特性。

面向流程的工作流由任务和检查点组成，其中任务需遵循路由规则，而检查点则由一些业务规则表示，例如"暂停等待信用审批"就是这类检查端点。这类业务流程规则管理活动的整体处理，包括请求的路由、将请求分配或分发到特定的角色、工作流的数据在各个活动之间的传递、业务流程活动之间的依赖性和相互关系。

最后，不管用户如何说明一个流程，在它工作的时候一定会出现控制和数据流。工作流技术的关键在于，这些控制和数据流是由逻辑中心观点直接说明的。这个模型的假设说明了工作流技术的优点和缺点。服务提供者可以控制实现所提供服务的工作流。与传统的应用相比，一个基于工作流技术的实现可以帮助用户更好地管理潜在的异常状态，因为传统的应用也许隐藏了必要的推理过程。当然工作流也有它的局限性，在其他的相关书籍中也详细地说明了工作流的局限性，因此本书对此不做出具体的展开。

图 9.2 描述了一个用户向电信运营商定购一项业务时的工作流。在整个订购过程中，首先要面对的是电信运营商的销售代理人，他将根据用户情况填写一张表格。之后销售代理人会检查数据库以确定所需要的设备是否存在。如果一切正常，用户将收到关于何时可以使用该业务的评估单。一个当地的安装人员将会被派去为用户安装业务，在此过程中，电信运营商将会检查用户的信用记录。

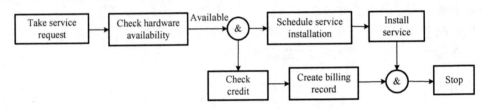

图 9.2　处理订购电信业务的工作流模型

9.1.3　Web 服务组合流模型

服务组合流模型可将应用连接在一起，以及可将应用部署在业务流程(BPM)系统之上。服务组合流模型表示了 Web 服务组合中的概念、构建、语义和关系。通过对 Web 服务组合元模型的介绍和讨论，读者能够更加容易地理解本章后面介绍的概念和模型。

组合服务交互规范使用了流模型(Flow Model)。流模型描述可用服务集的使用模式。将这些服务组合起来可提供某一业务目标所需的功能。流模型描述如何组合活动(作为 Web 服务操作实施)，指定执行步骤的顺序，此外流模型还指定决策点(在这些节点上步骤可以必须执行，也可能无须一定要执行)，以及指定所涉及的步骤之间数据项的传递。

图 9.3 描述了一个企业商品的订单管理流程，图 9.4 是针对这个企业订单管理流程所描述的一个简单的流模型。该图由一系列的活动组成，这些活动将以一定的顺序执行。可将活动视为流程中的一个步骤，它将完成一个具体的功能，通常将活动作为 Web 服务的操作实施。流程可描述为一个有向无环图(DAG)，而活动则可表示为有向无环图中的节点。这意味着，在流程的控制结构中不允许出现环。同时，从该图中还可以看到在各个活动间传递的数据项，这些数据项包含在图的边上，例如，客户细节可传递到核查客户信用的活动中。如图 9.4 所示，流模型描述的关键部分是活动；控制流规范描述了这些活动和决策点的顺序；相关数据流规范描述了数据在活动间的传递。活动(Activity)、控制链接(Control Linking)、数据链接(Data Linking)分别表示了服务组合元模型中的三个概念。

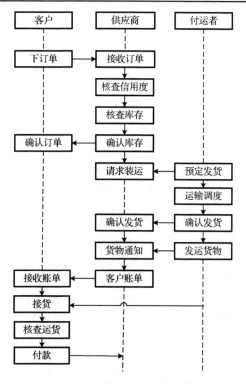

图 9.3　订单管理流程的流图

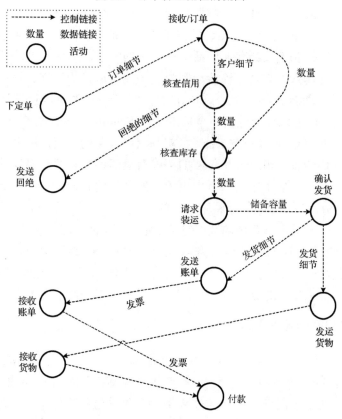

图 9.4　订单管理流程的流模型

在图 9.4 所示的样例中，核查客户信用状况的活动可定义如下：

```
<activity name="CheckCreditWorthiness">
    <input name="ClientDetails" message="tns:Client"/>
    <output name="Result" message="tns:CreditWorthiness"/ >
    <implement>...</implement>
</activity>
```

该代码片段规定：CheckCreditWorthiness 活动将接收 Client 类型的 WSDL 消息，并生成 CreditWorthiness 类型的 WSDL 消息作为输出结果。该代码片段对活动规范和它的实现进行了区分。活动的规范定义了如何将活动嵌入到流程中。在流程的执行中，当执行到特定活动时，活动的实现描述了被调用的实际操作。服务提供者既可在内部也可在外部定义活动的实现操作。

在图 9.4 中，活动是通过控制链接进行互连的。控制链接是一条有向边（图中虚线表示），它规定了将要执行的活动的顺序。这表示活动间可能的控制流，这些活动组成了业务流程。以某一顺序执行两个活动必须遵循这两个活动之间的逻辑依赖性。假如不存在这类依赖性，则可以同时执行这些活动，因此可加速流的执行。在两个活动 S_1 和 S_2 之间，控制链接是顺序关系，S_1 和 S_2 规定了两个活动的执行顺序，如 S_1 必须在 S_2 前面。离开一个特定活动 S 的所有控制链接的端点表示活动 S 的可能后继活动 $S_1, S_2, \cdots, S_n$。

控制链接从它的初始活动指向它的目标活动（即从一个活动到它可能的后继活动）。然后，确定实际的控制流变迁条件"控制"这样一条边。变迁条件确定在业务流程中需要完成活动 $S_1, S_2, \cdots, S_n$ 中的哪一个。变迁条件是与控制链接相关的一个断言表达式，表达式的形式参数可以引用控制链接源前面的活动所产生的消息。当活动 S 完成时，假如源自该活动的控制链接的变迁条件为真，该活动则为这些控制链接的后继。这些活动的集合称为 S 实际的后继活动，而全集$\{S_1, S_2, \cdots, S_n\}$则称为活动 S 的可能后继活动。例如，活动 CheckCreditWorthiness 可以选择任何一个后继活动 SendRejection 或 CheckInventory。所选择的活动称为 CheckCreditWorthiness 的实际后继活动，而活动 SendRejection 或 CheckInventory 是 CheckCreditWorthiness 的可能后继活动。在两个不同的活动之间最多允许一个控制链接，并且正如本节前面所指出的，所产生的有向图必须是无环的。

流模型的数据流部分规定了一个特定活动的一个（或多个）后继活动如何使用这个特定活动所生成的消息。服务组合元模型中的数据链接规定了初始活动向它的目标活动（一个或多个）传递数据项。仅当通过一个（有向的）数据链接路径，能够从控制链接初始抵达数据链接的目标时，才指定一个数据链接。总的来说，数据流是建立在控制流上的。这样可避免一些错误的发生。例如，若要使用尚未生成的数据时，则活动可能从其他多个活动中接收数据项（数据聚合）。

9.1.4　Web 服务组合的具体实现

在 9.1.3 节介绍了组合服务流模型的主要组成部分，而没有考虑到流活动的具体实现。在本节将主要讨论 Web 服务组合的概念、特点和协调 Web 服务流的组成，其中每一个 Web 服务实现了流程中的单个活动。本节将对 Web 服务组成进行高层描述。这样做的目的是向读者提供有关服务组合特性的直观认识，以便读者可以更好地理解 9.1.2 节中的内容。

随着分布式对象技术和 XML 技术的发展，出现了 Web 服务技术。Web 服务是指那些由 URI 来标识的应用组件，其接口和绑定信息可以通过 XML 定义、描述和查找；同时，Web 服务通过基于 Internet 协议的 XML 消息，可与其他软件、应用直接交互。换言之，Web 服务就是可以通过标准的 Internet 协议访问的应用组件，它不依赖于特定的硬件、操作系统和编程环境。由于 Web 服务提供了一种一致化编程模型，从而在企业内外都可以利用通用的信息基础设施以一种通用的方法进行业务集成。

面向服务的体系结构解决了如何描述和组织服务的问题，以便服务可以被动态地、自动地发现和使用。Web 服务组合作为以 Web 服务为基础的信息基础设施和企业业务应用集成之间的桥梁，将服务模块组合起来成为完整的应用。

近年来，随着 Web 服务组合研究的展开，不同的研究人员对 Web 服务组合的概念有着不同的认识。以下几个具有代表性的定义从不同的角度对 Web 服务组合进行描述。

(1)IBM 公司的定义：Web 服务组合是支持业务流程逻辑的一组 Web 服务，其本身既可以是最终的应用，也可以是新的 Web 服务，组合是通过确定不同 Web 服务的执行顺序和 Web 服务之间的复杂交互来实现的。

(2)斯坦福大学 SWIG 小组的定义：Web 服务组合就是研究如何通过组合自治的 Web 服务而获得新功能的问题，通过组合有助于减少新应用的开发时间和费用。

(3)佐治亚大学计算机系的定义：Web 服务组合主要研究用于服务组合的方法论、建模的服务和功能的抽象方式。从上述定义可以看出：Web 服务的价值在于服务重用，重用的目的是使服务增值。Web 服务组合是通过各个小粒度的 Web 服务相互之间通信和协作来实现大粒度的服务功能；通过有效地联合各种不同功能的 Web 服务，组合服务开发者可以解决更为复杂的问题，达到服务增值的目的。

Web 服务组合主要包含以下几个特点：

(1)层次性和可扩展性：Web 服务的组合通过重用并组装已有的 Web 服务来生成一个更大粒度的服务，使得组合的 Web 服务具有层次性和可扩展性。

(2)动态与自适应性：Web 服务组合是一个动态、自适应的过程，它在标准协议的基础上，根据客户的需求，对封装特定功能的现有服务进行动态地发现、组装和管理。

(3)提高组合与交易过程的自动化程度：Web 服务组合通过动态的语义分析与服务的自动化匹配，减少了不必要的人工干预，易于实现动态电子商务交易过程的自动化。

(4)提高软件生产率：通过重用已有的服务，并自动化地生成新的服务或系统，极大提高了软件的生产效率。

服务组合中服务提供者是那些服务流模型中参与了服务组合的单元，服务提供者表示了业务流程中的业务合作伙伴需要向流模型提供的功能。服务提供者以一组 WSDL 端口类型(portType)的形式显示了其公共接口。WSDL 的 portType 描述了流模型中所涉及的服务提供者提供的每一个服务。这基本上定义了服务提供者与其他服务提供者交互的方法。一个组合包含了一系列互连的服务提供者，该服务组合可以作为一个新的服务提供者参加其他的组合。为了能够成功地进行服务组合，进行交互的服务提供者之间需要具有操作兼容性。例如，一个服务提供者定义的要求/应答操作需要与另一个服务提供者提供的请求/响应操作匹配。

　　服务组合的一个目标就是将各个 Web 服务作为业务流程服务实现。为此，活动可以引用服务提供者的端口类型操作来指定在运行时需要哪一类服务来完成这个业务任务。一个服务可以表示该业务任务。服务提供者类型的端口类型定义了流模型的外部接口。例如，图 9.5 显示了一个流程，其中一个服务实现了活动 A，该服务实现了端口类型 portType 的操作 operation1。在运行时，当导航遇到活动 A 时，选择一个具体的端口，该端口提供了端口类型 portType 和某个操作 operation 的一个实现。可使用一个相应的绑定来实际调用这个实现。

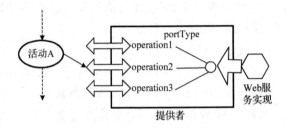

图 9.5　服务提供者和端口类型

　　图 9.6 所示为 Web 服务中流模型的示例，图 9.6 是在图 9.4 的基础上将两个活动外包给业务合作伙伴（服务提供者）的情况。一个服务提供者承担了图 9.6 所示的物流提供者的角色。

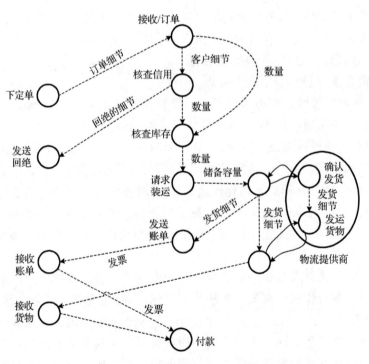

图 9.6　使用 Web 服务的流模型

　　下面的代码片段显示：对于订单管理流，服务提供者如何通过调用 Web 服务执行活动。元模型中的服务提供者类型标识了业务合作伙伴可用的外部接口。这个接口可以包含多个端口类型和多个操作。在下面的例子中，LogisticsProvider 包含两个操作，这两个操作是由两个端口类型提供的。

```
<flowModel name="OrderManagement">
<serviceProvider name="myShipper" type="LogisticsProvider"/>
...
</flowModel>
<serviceProviderType name=" LogisticsProvider">
<portType name="ConfirmDeliveryHandler">
<operation name="confirmation"/>
</portType>
<portType name="DispatchGoodsHandler">
< operation name="delivery"/>
</portType>
</serviceProviderType>
```

9.2　服务编配与编排

在前面的章节中，使用了一些可相互替代的术语(如"Web 服务组合"和"Web 服务流")描述了流程中的 Web 服务组合。通常使用术语"编配"和"编排"来描述这一现象。[①]

编配(Orchestration)指的是自动执行一个工作流，即用一种执行语言(如 BPEL)定义好工作流，同时让编配引擎在运行时执行这一工作流。一个编配好的工作流通常暴露为一个可以通过 API 调用的服务。它并不描述两三个参与方之间一系列协调交互。

编排(Choreography)指的是对两者或两者以上参与方之间协调交互的描述。例如，某个用户请求投标，另一个用户给出报价，一位用户下采购单，另一位用户发货。

9.2.1　服务编配与编排比较

在 Web 服务编配和 Web 服务编排之间存在着明显的不同，具体如下：在编配(通常用于专用业务流程)中，有一个中央流程(可以是另一个 Web 服务)控制相关的 Web 服务并协调所涉及 Web 服务的不同操作的执行。相关的 Web 服务并不知道(也无须知道)它们参与了组合流程并且参与更高级别的业务流程。只有编配的中央协调员知道此目标，编配的主要目的是对操作进行显式定义和调节 Web 服务的调用顺序，如图 9.7 所示。编配针对的是一个可执行的业务流程，这一流程可生成一个长时间的、事务性的、多步骤的流程模型。通过编配可以从流程中所涉及一个业务方的角度控制业务流程交互。

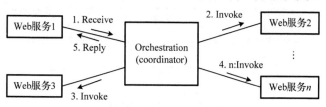

图 9.7　编配组合 Web 服务

[①] 在有的教材和著作中将"Orchestration"翻译为"编配"，有的翻译为"编制"，为了一致，本书统一使用"编配"。

编排并不依赖某个中央协调员。相反，编排所涉及的每个 Web 服务完全知道执行其操作的时间及交互对象。编排是一种强调在公共业务流程中交换消息的协作方式。编排的所有参与者都需要知道业务流程、要执行的操作、要交换的消息以及消息交换的时间（图 9.8）。与编配相比，编排本质上更具协作性，其定义了业务实体间的交互的共享状态。编排从所有各方的角度（公用视图）对流程进行描述，可以使用公共视图来确定每一个实体上的具体部署实现。编排能够清晰地定义和协商参与协作的规则。每个实体都可以根据公用视图来实现编排中的相应部分。

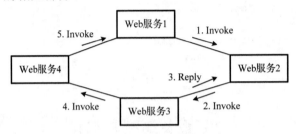

图 9.8　编排组合 Web 服务

从组合 Web 服务以执行业务流程的角度而言，编配是一个更灵活的范例，它相对于编排而言具有以下优点：

(1) 单个服务流程的协调由某个已知的协调员集中管理；

(2) 可以组合 Web 服务而不必使它们知道自己正在参与更大的业务流程；

(3) 可以准备其他方案以防发生故障。

当各模块的业务分析师对流程协作中所涉及的规则和流程达成一致的意见，使用图形用户界面和一个可充当协作基础的工具，Web 服务编配与编排之间可以相互交互，达成一致，并可生成一个 WS-CDL 表示。对于 Web 服务编配与编排可以使用 WS-CDL 表示来生成一个 BPEL 工作流模版。例如，图 9.9 说明了服务制造商和供应商之间的交互达成一致，该图假定两个公司的业务分析师对于流程协作中所涉及的规则和流程达成一致意见。对于制造商和供应商，可以使用 WS-CDL 表示来生成一个 BPEL 工作流模板。这两个 BPEL 工作流模板反应了业务协定。

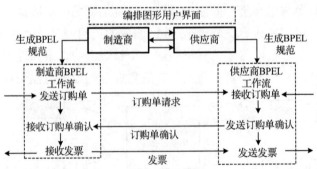

图 9.9　组合编排和编配

下面主要介绍 Web 服务业务流程执行语言，概述编排的概念和一些重要的 WS-CDL 元素。

9.2.2　业务流程执行语言

Web 服务编配规范采纳了 WSDL 中的一些概念，如允许 Web 服务静态接口的定义。WSDL portType 的交互模型是无状态的、静态的，被定义的接口没有任何的关联交互。此外，WSDL 从服务(提供者)的角度描述了接口，因此它成为一种客户/服务器交互模型。协作流程模型通常涉及客户/服务器类型和对等(P2P)类型的交互，交互中含有涉及两方或者多方的、长时间运行的、有状态的会话，而 WSDL 并不能胜任传送这种类型的会话。因此，Web Service 编配规范在 WSDL 的基础上进一步扩充了其功能。

业务流程执行语言(Business Process Execution Language，BPEL)是一种使用XML编写的编程语言，用于自动化业务流程，是一种使用 Web 服务定义和执行业务流程的形式规约语言。BPEL 可以通过组合、编配和协调 Web 服务自上而下地实现面向服务的体系结构(SOA)。BPEL 提供了一种相对简单易懂的方法，可将多个 Web 服务组合到一个新的服务(组合服务)中。

BPEL 的第一个版本诞生于 2002 年 8 月。此后，随着许多主要供应商(包括 Oracle)的纷纷加入了，促成了对其多项修改和改进，并于 2003 年 3 月推出了 1.1 版。2003 年 4 月，BPEL 被提交至结构化信息标准促进组织(OASIS)以实现标准化，并组建了 Web 服务业务流程执行语言技术委员会(WSBPELTC)。该努力使 BPEL 在业界获得更广范围的认可。

BPEL 是一种基于 XML 的针对业务流程和业务交互协议的形式化规范。BPEL 标准可以定义和管理包含协作 Web 组合的业务流程活动和业务交互协议。因此，BPEL 扩展了 Web 服务交互模型并使得它能够支持复合业务流程和事务。企业能够描述包括多个组织的复合流程(如订单处理、潜在客户管理和索赔处理等)，并可在其他企业的系统中执行相同的业务流程。

按业务流程之间的协作方式可以将 BPEL 分为单工作流模式和多工作流模式：单工作流模式是指一组相关的服务按一定顺序和条件组合执行，完成某项业务，流程执行过程中涉及的服务不属于其他业务流程；多工作流模式是两个或两个以上的工作流程并行执行并进行交互的业务流程模式，多工作流模式侧重于业务流程之间的交互。

服务组合模型能够提供灵活的集成、递归组合、组合的分离、有状态的会话和生命周期管理、易恢复性。作为服务组合语言，BPEL 提供了一些特性，以便基于 Web 服务的业务流程的建模和执行。这些特性包括：

(1)建模业务流程协作(通过<partnerLink>)。

(2)建模业务流程的执行控制(通过使用自包含的块以及支持有向图表示的过渡结构语言)。

(3)对抽象定义与具体绑定进行分离(通过端点引用，静态或者动态地选择合作伙伴服务)。

(4)参与者的角色和角色间的关系的表示(通过<partnerLinkType>)。

(5)补偿支持(通过<scope>机制)。

(6)流程的再生和同步(通过<pick>和<receive>活动)。

(7)事件处理(通过使用事件处理程序)。

也可以对 BPEL 进行扩展，从而提供其他重要的组合语言的特性，如对 Web 服务策略的支持、安全性和可靠的消息传送。在本节中，概述了 BPEL 最主要的特性和构成，主要的目的是充分理解 BPEL 的概念和特性，而不是详细的教程。

1. BPEL 结构

BPEL 流程是一种类似流图的表示，指定了流程的步骤以及流程的入口点。流程位于 WSDL 层之上。WSDL 定义了所允许的具体操作，而 BPEL 则定义了如何对这些操作进行排序。BPEL 的作用是：通过具有控制语言构成的"流程—集成—类型"机制，将一组已有的服务定义为一个新的 Web 服务。入口点对应于外部的 WSDL 客户端，该 WSDL 客户端可调用复杂的 BPEL 服务的接口上的"只输入（请求）"操作或"输入/输出（请求/响应）"操作。图 7.2 描述了 BPEL 如何与其他的 Web 服务标准进行关联。

使用 WSDL 描述的服务间对等交互是 BPEL 流程模型的核心。WSDL 建模了流程和 Web 服务合作伙伴。BPEL 使用 WSDL 指定了在业务流程将要发生的活动，并描述了业务流程所提供的 Web 服务。BPEL 可按下面 3 种方式使用 WSDL：

(1) 使用 WSDL 将每一个 BPEL 流程暴露为一个 Web 服务。WSDL 描述这个流程的公开的入口点和出口点。

(2) 在 BPEL 流程中，使用 WSDL 中的数据类型描述在请求之间传送的消息。

(3) 可以使用 WSDL 引用业务流程所需的外部服务。

BPEL 包括 5 个主要的部分：消息流、控制流、数据流、流程编配、故障和异常处理。BPEL 流程的结构如下：

```
<process name="PurchaseOrderProcess" ...>
<!- Roles played by actual process participants at endpoints of an
interaction -->
<partnerLinks> ... </partnerLinks>
<!- Data used by the process -->
<variables> ... </variables>
<!- Supports asynchronous interactions -->
<correlationSets> ... </correlationSets>
<!- Activities that the process perform -->
<Activities>*
<!- Exception handling: Alternate execution path to deal with fault
situations -->
<faultHanders> ... </faultHanders>
<!- Code that is executed when an action is "undone"-->
<compensationHandlers> ... </compensationHandlers>
<!- Handling of concurrent events-->
<eventHandlers> ... </eventHandlers>
</process>
```

基本活动处理了 BPEL 的消息流部分，这些基本活动包括：调用一些 Web 服务上的操作、等待一些外部客户端调用流程操作、生成输入/输出操作的响应。BPEL 的控制流部分是一个混合模型，该模型主要基于块结构化定义。为了进行同步，该模型能够定义选择性的状态转换控制流。BPEL 数据流部分包括了一些变量，构成业务流程状态的消息可以包含在这些变量中。这些消息通常是从合作伙伴那儿接收到的，或者是将要发送给合作伙伴的。控制与流程相关的状态所需的数据也可包含在变量，并且不与合作伙伴交换。变量都有自身的作用域。在变量的作用域内，变量名必须具有唯一性。BPEL 的流程编配部分使用合作伙伴链接来建立对等的合作伙伴关系。最后，BPEL 的故障和异常处理部分将处理调用服务时所出现的错误，并处理工作单元的补偿以及 BPEL 执行过程中的异常。

2. 构建业务流程

BPEL 流程指定参与的 Web 服务的确切调用顺序——顺序地或并行地。使用 BPEL 可以表述条件行为，如某个 Web 服务的调用可以取决于上次调用的值；还可以构造循环、声明变量、复制和赋予值、定义故障处理程序等。通过组合所有这些构造，用户可以以算法的形式定义复杂业务流程。实际上，由于业务流程本质上属于活动图，因此使用统一建模语言(UML)活动图表示它们可能很有用。

通常情况下，BPEL 业务流程接收请求。为了满足请求，该流程调用相关的 Web 服务，然后响应原始调用方。由于 BPEL 流程与其他 Web 服务通信，因此它在很大程度上依赖于复合型 Web 服务调用的 WSDL 描述。

例如，一个 BPEL 流程由多个步骤组成，每个步骤称为"活动"。BPEL 支持基本活动和结构活动。基本活动表示基本构造，用于如下常见任务：

(1) 使用<invoke>调用其他 Web 服务；

(2) 使用<receive>(接收请求)等待客户端通过发送消息调用业务流程；

(3) 使用<reply>生成同步操作的响应；

(4) 使用<assign>赋值数据变量；

(5) 使用<throw>抛出故障和异常；

(6) 使用<wait>等待一段时间；

(7) 使用<terminate>终止整个流程。

然后，可以组合这些基本活动和其他基本活动，以定义准确指定业务流程步骤的复杂算法。为组合基本活动，BPEL 支持几个结构活动。其中最重要的是：

(1) 顺序(<sequence>)，它允许定义一组按顺序调用的活动；

(2) 流(<flow>)，用于定义一组并行调用的活动；

(3) Case-switch 构造 (<switch>)，用于实现分支；

(4) While (<while>)，用于定义循环；

(5) 选择(<pick>)，能够选择多个替换路径之一。

每个 BPEL 业务还将使用<partnerLink>定义合作伙伴链接，使用<variable>声明变量。

在企业内部，BPEL 用于标准化企业应用程序集成，以及将此集成扩展到先前孤立的系统。在企业之间，BPEL 使与业务合作伙伴的集成变得更容易、更高效。BPEL 激发企业进一步定义它们的业务流程，从而导致业务流程的优化、重新设计及选择最合适的流程，实现了组织的进一步优化。BPEL 中描述的业务流程定义并不影响现有系统，因此对升级产生了促进作用。在已经或将要通过 Web 服务公开功能的环境中，BPEL 是一项重要的技术。随着 Web 服务的不断普及，BPEL 的重要性也随之提高。

9.2.3　Web 服务编排

涉及多个组织或独立流程的业务应用能够以协作方式实现一个公共的业务目标，如订单管理。为了能够成功地进行协作，在参与的服务间需要进行长时间运行的、对等的消息交换，如在企业内部或信任域进行服务编排。编排的主要目标是：在运行时确认所有的消息交换都按照计划进行，并保证服务实现的变化依然遵循消息交换的定义。为了提高参与者之间的共识，以及验证一致性、确保互操作性、生成代码框架，编排的主要作用是精确定义合作的 Web 服务间的交互序列。

图 9.9 说明了业务编排语言是如何与业务流程语言层进行协调的。编排描述语言（CDL）是一种描述多方协作的方法。在图 9.9 中，使用图形用户界面和工具集来指定制造商和供应商之间的交互，并生成一个 WS-CDL 表示。然后对于制造商和供应商，可以使用该 WS-CDL 表示来生成一个反映它们的业务协定的 BPEL 工作流模板。

Web 服务编排描述语言（Web Services Choreography Description Language，WS-CDL）是一种基于 XML 的语言，用于构成任何类型的参与方之间互操作的、长时间运行的对等协作，无须考虑驻留环境所支持的平台或所使用的编程模型。在业务协作中涉及多个 Web 服务参与者，所有的这些参与方之间将进行消息交换。这些消息交换具有可观察的行为，WS-CDL 描述了可观察行为的全局视图。使用 WS-CDL 规范，可以生成一个约定，这个约定包含了通用排序条件和约束的"全局"定义，消息交换将遵循这些通用排序条件和约束。这个约定从全局视角描述了所有相关方的、通用的和互补的可观察行为。然后，每一方都可以使用这个全局定义来构建和测试遵循这一定义的解决方案。Web 服务完全用于指定"抽象业务流程"，独立于 Web 服务实现所使用的平台和编程语言。

1.　WS-CDL 模型概述

在 WS-CDL 规范中，消息交换代替了一个共同协商的排序和约束规则集。编排定义能够涉及两个（两方）或多个（多方）参与者。BPEL 抽象流程是从一个参与者的角度描述的。与此不同，WS-CDL 描述了消息交换的一个全局视图，而不是从任何一方的角度出发。当参与方的数量增多时，这一方法具有较多的可伸缩性。和 BPEL 一样，WS-CDL 是一个基础架构规范，不包含任何业务语义（如资源、承诺、协定等）。

在 WS-CDL 中，通常抽象地定义角色（Role）间的编排定义。角色将被绑定到参与者。角色之间通过关系相互联系。一个关系通常发生在两个角色之间。在编排中，一个参与者可以实现任何数量的非对立的角色。一个分销商可以实现"购买者到制造商"和"销售者到顾客"的角色，这些角色不同于"销售者到分销商"的角色。WS-CDL 中的角色有点类似 BPEL 中的<partnerLink>。

编排由活动组成，主要活动称为一个交互，它是编排的基本构建块。编排导致了参与者之间的消息交换、状态和实际交换信息的值的同步。交互指定了角色间消息交换的单元。交互对应于角色上的 Web 服务操作的调用。因此，可将交互定义为具有零个或多个响应的请求。交互能够涉及排序活动(顺序、平行、选择)或者在父编排中组成另一个编排。编排定义可以是数据驱动的, 如包含在消息中的数据影响交互的顺序。数据被建模为变量、信道、编排中所涉及的角色状态。其中, 变量可以与消息内容关联。标记(Token)是一个表示变量的一部分。在 WS-CDL 中, 标记与 BPEL 关联集的属性类似。

2. WS-CDL 文档结构

一个 WS-CDL 文档就是一组定义集。每一个定义是一个有名字的可以被引用的构造。文档的根元素是包(package), 其中是一些单独的编排类型定义。WS-CDL package 中包含一个或多个编排, 以及一个或多个协作类型定义。基于 WS-CDL package 构成, 可以实现编排定义的嵌套。

3. WS-CDL 编排示例

下面代码显示了一个包含交互的编排样例, 该样例是采用 WS-CDL 描述的。如代码所示, <package>元素包含一个顶层<choreography>(标记为根)。可初始化该根, 并且该根涉及一个交互。这个交互作为一个请求/响应消息交换, 发生在从消费者角色到零售商角色的“零售商信道”上。在代码中, PurchaseOrder 消息作为一个请求消息从消费者发送到零售商。PurchaseOrderAck 消息作为一个响应消息从零售商发送到消费者。

```
<package name="ConsumerRetailerChoreography" version="1.0">
<informationType name="purchaseOrderType" type="pons:PurchaseOrderMsg"/>
<informationType name="purchaseOrderAckType" type="pons:PurchaseOrderAckMsg"/>
<token name="purchaseOrderID" informationType="tns:intType"/>
<token name="retailerRef" informationType="tns:uriType"/>
<tokenLocator tokenName="tns:purchaseOrderID"
        informationType="tns:purchaseOrderType" query="/PO/orderId"/>
<tokenLocator tokenName="tns:purchaseOrderID"
        informationType="tns:purchaseOrderAckType" query="/PO/orderId"/>
<role name="Consumer">
<behavior name="consumerForRetailer" interface="cns:ConsumerRetailerPT"/>
<behavior name="consumerForWarehouse" interface="cns:ConsumerWarehousePT"/>
</role>
<role name="Retailer">
<behavior name="retailerForConsumer" interface="rns:RetailerConsumerPT"/>
</role>
<relationship name="ConsumerRetailerRelationship">
<role type="tns:Consumer" behavior="consumerForRetailer"/>
<role type="tns:Retailer" behavior="retailerForConsumer"/>
</relationship>
<channelType name="ConsumerChannel">
<role type="tns:Consumer"/>
<reference>
<token type="tns:consumerRef"/>
</reference>
<identity>
```

```
<token type="tns:purchaseOrderID"/>
</identity>
</channelType>
<channelType name="RetailerChannel">
<passing channel="ConsumerChannel" action="request"/>
<role type="tns:Retailer" behavior="retailerForConsumer"/>
<reference>
<token type="tns:retailerRef"/>
</reference>
<identity>
<token type="tns:purchaseOrderID"/>
</identity>
</channelType>
<choreography name="ConsumerRetailerChoreo" root="true">
<relationship type="tns:ConsumerRetailerRelationship"/>
<variableDefinitions>
<variable name="purchaseOrder" informationType="tns:purchaseOrderType"
        silent-action="true"/>
<variable name="purchaseOrderAck" informationType="tns:purchaseOrderAckType" />
<variable name="retailer-channel" channelType="tns:RetailerChannel"/>
<variable name="consumer-channel" channelType="tns:ConsumerChannel"/>
<interaction channelVariable="tns:retailer-channel" operation="handle
        PurchaseOrder" align="true" initiateChoreography="true">
<participate relationship="tns:ConsumerRetailerRelationship" fromRole=
        "tns:Consumer" toRole="tns:Retailer"/>
<exchange messageContentType="tns:purchaseOrderType" action="request">
<use variable="cdl:getVariable(tns:purchaseOrder, tns:Consumer)"/>
<populate variable="cdl:getVariable(tns:purchaseOrder, tns:Retailer)"/>
</exchange>
<exchange messageContentType="purchaseOrderAckType" action="respond">
<use variable="cdl:getVariable(tns:purchaseOrderAck, tns:Retailer)"/>
<populate variable="cdl:getVariable(tns:purchaseOrderAck, tns:Consumer)"/>
</exchange>
<record role="tns:Retailer" action="request">
<source variable="cdl:getVariable(tns:purchaseOrder, PO/CustomerRef,
        tns:Retailer)"/>
<target variable="cdl:getVariable(tns:consumer-channel, tns:Retailer)"/>
</record>
</interaction>
</choreography>
</package>
```

9.3　实例分析

　　为了理解 BPEL 是如何描述业务流程的，本章将定义一个雇员出差安排的简化业务流程：客户端调用此业务流程，指定雇员姓名、目的地、出发日期及返回日期。此 BPEL 业务流程首先检查雇员出差状态。本章中假设存在一个可用于进行此类检查的 Web 服务。然后，此 BPEL 流程将检查以下两家航空公司的机票价格：美国航空公司和达美航空公司。这两家航空公司均提供了可用于进行此类检查的 Web 服务。最后，此 BPEL 流程将选择较低的价格并将出差计划返回给客户端。

本章构建一个异步 BPEL 流程。假设用于检查雇员出差状态的 Web 服务是同步的，由于可以立即获取此数据并将其返回给调用方，因此是满足使用要求的。由于确认飞机航班时刻表可能需要稍长的时间，所以采用异步调用的方法获取机票价格。为简化示例，假设以上两家航空公司均提供了 Web 服务，且这两个 Web 服务完全相同（即提供相同的端口类型和操作）。

在实际情形下，通常是无法选择 Web 服务，而是必须使用合作伙伴提供的服务。如果能够同时设计 Web 服务和 BPEL 流程，则应考虑用哪个接口更好。通常，将对持续时间较长的操作使用异步服务，而对在相对较短的时间内返回结果的操作使用同步服务。如果 Web 服务使用异步，则 BPEL 流程通常也是异步的。

当用 BPEL 定义业务流程时，实际上定义了一个由现有服务组成的新 Web 服务。该新 BPEL 组合 Web 服务的接口使用一组端口类型来提供类似任何其他 Web 服务的操作。要调用 BPEL 描述的业务流程，则必须调用生成的组合 Web 服务。图 9.10 所示为出差安排的 BPEL 流程示意图。

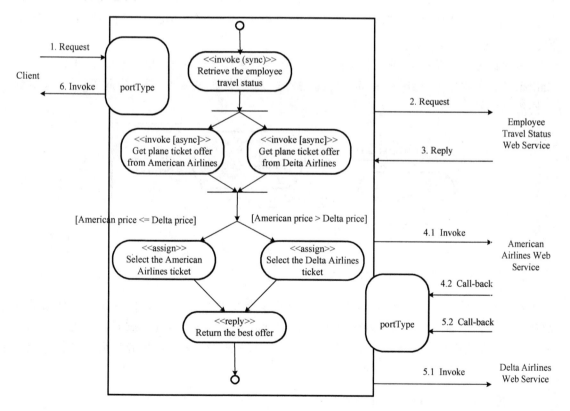

图 9.10　出差安排示例 BPEL 流程

1. 列出相关 Web 服务的清单

在开始编写 BPEL 流程定义之前，必须先熟悉如何从业务流程中调用 Web 服务。这些服务称为合作伙伴 Web 服务。本示例使用以下虚构的 Web 服务：雇员出差状态 Web 服务，美国航空公司和达美航空公司 Web 服务（这两个 Web 服务具有相同的 WSDL 描述）。同样，本示例中使用的 Web 服务是虚构的。

（1）雇员出差状态 Web 服务：雇员出差状态 Web 服务提供 EmployeeTravelStatusPT 端口类型，通过它可以使用 EmployeeTravelStatus 操作检查雇员出差状态。此操作将返回雇员可以使用的乘机标准（可能为经济舱、商务舱或头等舱），如图 9.11 所示。

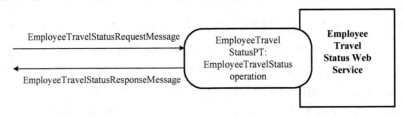

图 9.11　雇员出差状态 Web 服务

（2）航空公司 Web 服务：航空公司 Web 服务是异步的，因此它指定了两个端口类型：第一个端口类型 FlightAvailabilityPT 用于使用 FlightAvailability 操作检查航班可用性。为返回结果，该 Web 服务指定了第二个端口类型 FlightCallbackPT，此端口类型指定 FlightTicketCallback 操作。

尽管航空公司 Web 服务定义了两个端口类型，但它只实现 FlightAvailabilityPT。FlightCallbackPT 则由作为 Web 服务客户端的 BPEL 流程实现。图 9.12 所示为此 Web 服务体系结构的示意图。

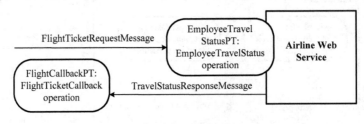

图 9.12　航空公司 Web 服务

2. 为 BPEL 流程定义 WSDL

将此业务出差 BPEL 定义为 WSDL，使之公开为 Web 服务。此流程将必须从它的客户端接收消息并返回结果。它必须公开 TravelApprovalPT 端口类型，后者将指定一个输入消息。它还必须声明 ClientCallbackPT 端口类型（用于使用回调将结果异步返回给客户端）。图 9.13 说明 BPEL 流程的 WSDL。

3. 定义合作伙伴链接类型

合作伙伴链接类型表示 BPEL 流程与相关方（包括 BPEL 流程调用的 Web 服务以及调用 BPEL 流程的客户端）之间的交互。

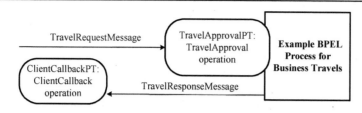

图 9.13　BPEL 流程的 WSDL

本示例包含三个合作伙伴：客户端、雇员出差状态服务和航空公司服务。理想情况下，每个 Web 服务都应在 WSDL 中定义相应的合作伙伴链接类型。(实际情形可能不是这样的。)然后，可以使用 WSDL 包装合作伙伴 Web 服务(导入 Web 服务的 WSDL 并定义合作伙伴链接类型)。或者，可以在 BPEL 流程的 WSDL 中定义所有合作伙伴链接。由于此方法违反了封装原则，因此不建议使用。

对于本示例，定义了三个合作伙伴链接类型(每个类型位于 Web 服务的相应 WSDL 中)：

travelLT：用于描述此 BPEL 流程客户端与此 BPEL 流程本身之间的交互。此交互是异步交互。此合作伙伴链接类型在此 BPEL 流程的 WSDL 中定义。

employeeLT：用于描述此 BPEL 流程与雇员出差状态 Web 服务之间的交互。此交互是同步交互。此合作伙伴链接类型在雇员 Web 服务的 WSDL 中定义。

flightLT：描述此 BPEL 流程与航空公司 Web 服务之间的交互。此交互是异步交互，且航空公司 Web 服务对此 BPEL 流程调用一个回调。此合作伙伴链接类型在航空公司 Web 服务的 WSDL 中定义。

每个合作伙伴链接可以拥有一个或两个角色，必须为每个角色指定它使用的 portType。对于同步操作，由于操作只是单向调用，因此每个合作伙伴链接类型仅有一个角色。例如，此 BPEL 流程对雇员出差状态 Web 服务调用 EmployeeTravelStatus 操作。由于它是同步操作，因此 BPEL 流程等待完成并仅在完成操作后取得响应。

对于异步回调操作，必须指定两个角色：第一个角色描述客户端操作调用；第二个角色描述回调操作调用。在本示例中，BPEL 流程与航空公司 Web 服务之间存在一个异步关系。

正如已经指出的，需要三个合作伙伴链接类型：其中两个链接类型指定两个角色(因为它们是异步的)，另一个链接类型指定一个角色(因为它是同步的)。

合作伙伴链接类型在特殊命名空间 http://schemas.xmlsoap.org/ws/2003/05/partner-link 的 WSDL 定义。首先，在客户端使用的 BPEL 流程 WSDL 中定义 travelLT 链接类型以调用此 BPEL 流程。所需的第一个角色是出差服务(即 BPEL 流程)的角色。客户端使用 TravelApprovalPT 端口类型与此 BPEL 服务通信。第二个角色 travelServiceCustomer 描述了此 BPEL 流程将在 ClientCallbackPT 端口类型中对其执行回调的客户端的特征：

```
<plnk:partnerLinkType name="travelLT">
<plnk:role name="travelService">
<plnk:portType name="tns:TravelApprovalPT"/>
</plnk:role>
<plnk:role name="travelServiceCustomer">
```

```
<plnk:portType name="tns:ClientCallbackPT"/>
</plnk:role>
</plnk:partnerLinkType>
```

第二个链接类型是 employeeLT，用于描述此 BPEL 流程与雇员出差状态 Web 服务之间的通信，并在此雇员 Web 服务的 WSDL 中定义。此交互是同步交互，因此需要一个名为 employeeTravelStatusService 的角色。此 BPEL 流程使用雇员 Web 服务上的 EmployeeTravelStatusPT：

```
<plnk:partnerLinkType name="employeeLT">
<plnk:role name="employeeTravelStatusService">
<plnk:portType name="tns:EmployeeTravelStatusPT"/>
</plnk:role>
</plnk:partnerLinkType>
```

最后一个合作伙伴链接类型 flightLT，用于描述此 BPEL 流程与航空公司 Web 服务之间的通信，此通信是异步通信。此 BPEL 流程对航空公司 Web 服务调用一个异步操作。此 Web 服务在完成请求后对此 BPEL 流程调用一个回调。因此，需要两个角色。第一个角色描述航空公司 Web 服务对于此 BPEL 流程服务的角色，即航空公司服务（airlineService）。此 BPEL 流程使用 FlightAvailabilityPT 端口类型进行异步调用。第二个角色描述此 BPEL 流程对于航空公司 Web 服务的角色。对于航空公司 Web 服务而言，此 BPEL 流程是一个航空公司客户，因此角色名称为 airlineCustomer。航空公司 Web 服务使用 FlightCallbackPT 端口类型进行回调。此合作伙伴链接类型在航空公司 Web 服务的 WSDL 中定义：

```
<plnk:partnerLinkType name="flightLT">
<plnk:role name="airlineService">
<plnk:portType name="tns:FlightAvailabilityPT"/>
</plnk:role>
<plnk:role name="airlineCustomer">
<plnk:portType name="tns:FlightCallbackPT"/>
</plnk:role>
</plnk:partnerLinkType>
```

了解合作伙伴链接类型对于开发 BPEL 流程规范至关重要。有时，它可以生成所有交互的图表。定义合作伙伴链接类型后，已经完成了准备阶段，并准备开始编写业务流程定义。

4. 创建业务流程

通常，BPEL 流程等待客户端传入的消息，以启动业务流程的执行。在本示例中，客户端通过发送输入消息 TravelRequest 启动此 BPEL 流程。然后，此 BPEL 流程通过发送 EmployeeTravelStatusRequest 消息调用雇员出差状态 Web 服务。由于此调用是同步调用，因此它等待 EmployeeTravelStatusResponse 消息。然后，此 BPEL 流程通过向上述两家航空公司 Web 服务发送 FlightTicketRequest 消息对它们进行并发异步调用。每个航空公司 Web 服务通过发送 TravelReponse 消息进行回调。然后，此 BPEL 流程选择较合适的航空公司并使用 TravelResponse 消息对客户端进行回调。

下面代码编写了一个空的 BPEL 流程提纲，它展示每个 BPEL 流程定义文档的基本结构：

```
<process name="BusinessTravelProcess" … >
<partnerLinks>
<!--The declaration of partner links-->
</partnerLinks>
<variables>
<!-- The declaration of variables-->
</variables>
<sequence>
<!--The definition of the BPEL business process main body-->
</sequence>
</process>
```

添加所需的命名空间：包括定义目标命名空间、用于访问雇员和航空公司的 WSDL 以及此 BPEL 流程 WSDL 的命名空间。还必须为所有 BPEL 活动标记声明命名空间(此处采用缺省命名空间，以便不限定每个 BPEL 的标记名)。BPEL 活动命名空间必须表示为如下的形式：

```
http://schemas.xmlsoap.org/ws/2003/03/business-process/:
<process name="BusinessTravelProcess"
targetNamespace="http://packtpub.com/bpel/travel/"
xmlns="http://schemas.xmlsoap.org/ws/2003/03/business-process/"
xmlns:trv="http://packtpub.com/bpel/travel/"
xmlns:emp="http://packtpub.com/service/employee/"
xmlns:aln="http://packtpub.com/service/airline/" >
...
```

接下来必须定义**合作伙伴链接**，它们定义与此 BPEL 流程交互的不同方。每个合作伙伴链接都与描述其特性的特定 partnerLinkType 相关。每个合作伙伴链接还最多指定两个属性：

myRole：表明业务流程本身的角色。

partnerRole：表明合作伙伴的角色。

合作伙伴链接仅指定一个角色，通常同步请求/响应操作也只能指定一个角色。对于异步操作，它指定两个角色。在本示例中，定义四个角色。第一个合作伙伴链接称为客户端，由 travelLT 合作伙伴链接类型描述其特性，此客户端调用该业务流程。需要指定 myRole 属性以描述此 BPEL 流程(travelService)的角色。同时必须指定第二个角色：partnerRole。此处，该角色为 travelServiceCustomer，它描述 BPEL 流程客户端的特性。

第二个合作伙伴链接称为 employeeTravelStatus，由 employeeLT 合作伙伴链接类型描述其特性。它是 BPEL 流程与 Web 服务之间的一个同步请求/响应关系；再次仅指定一个角色。此时，该角色为 partnerRole，这是因为描述了 Web 服务(它是此 BPEL 流程的合作伙伴)的角色：

最后两个合作伙伴链接对应于航空公司 Web 服务。由于它们使用同一类型的 Web 服务，因此基于一个合作伙伴链接类型 flightLT 指定两个合作伙伴链接。此处，由于使用异步回调通信，因此需要两个角色。此 BPEL 流程(myRole)对于航空公司 Web 服务的角色为 airlineCustomer，而航空公司(partnerRole)的角色为 airlineService：

```
<partnerLinks>
<partnerLink name="client"
partnerLinkType="trv:travelLT"
myRole="travelService"
partnerRole="travelServiceCustomer"/>
<partnerLink name="employeeTravelStatus"
partnerLinkType="emp:employeeLT"
partnerRole="employeeTravelStatusService"/>
<partnerLink name="AmericanAirlines"
partnerLinkType="aln:flightLT"
myRole="airlineCustomer"
partnerRole="airlineService"/>
<partnerLink name="DeltaAirlines"
partnerLinkType="aln:flightLT"
myRole="airlineCustomer"
partnerRole="airlineService"/>
</partnerLinks>
```

BPEL 流程中的**变量**用于存储消息以及对这些消息进行重新格式化和转换。用户通常需要为发送到合作伙伴以及从合作伙伴收到的每个消息定义一个变量。就此流程而言，需要七个变量。这里将它们命名为 TravelRequest、EmployeeTravelStatusRequest、Employee-TravelStatusResponse、FlightDetails、FlightResponseAA、FlightResponseDA 和 TravelResponse。

必须为每个变量指定类型。可以使用 WSDL 消息类型、XML 模式简单类型或 XML 模式元素。在示例中，对所有变量使用 WSDL 消息类型：

```
<variables>
<!-- input for this process -->
<variable name="TravelRequest"
messageType="trv:TravelRequestMessage"/>
<!-- input for the Employee Travel Status web service -->
<variable name="EmployeeTravelStatusRequest"
messageType="emp:EmployeeTravelStatusRequestMessage"/>
<!-- output from the Employee Travel Status web service -->
<variable name="EmployeeTravelStatusResponse"
messageType="emp:EmployeeTravelStatusResponseMessage"/>
<!-- input for American and Delta web services -->
<variable name="FlightDetails"
messageType="aln:FlightTicketRequestMessage"/>
<!-- output from American Airlines -->
<variable name="FlightResponseAA"
messageType="aln:TravelResponseMessage"/>
<!-- output from Delta Airlines -->
<variable name="FlightResponseDA"
messageType="aln:TravelResponseMessage"/>
<!-- output from BPEL process -->
```

```
<variable name="TravelResponse"
messageType="aln:TravelResponseMessage"/>
</variables>
```

BPEL 流程主体指定调用合作伙伴 Web 服务的顺序。它通常以<sequence>(用于定义多个将按顺序执行的操作)开始，在顺序中，首先指定启动业务流程的输入消息。使用<receive>构造(它等待匹配消息，在本示例中为 TravelRequest 消息)实现此目的。在<receive>构造中，不直接指定消息，而是指定合作伙伴链接、端口类型、操作名称以及可选变量(用于保存收到的消息以用于随后的操作)。

将消息接收与客户端合作伙伴链接在一起，并等待对端口类型 TravelApprovalPT 调用 TravelApproval 操作。将收到的消息存储到 TravelRequest 变量中：

```
<sequence>
<!-- Receive the initial request for business travel from client -->
<receive partnerLink="client"
portType="trv:TravelApprovalPT"
operation="TravelApproval"
variable="TravelRequest"
createInstance="yes"/>
...
```

<receive>等待客户端调用 TravelApproval 操作，并将传入的消息以及有关业务出差的参数存储到 TravelRequest 变量中。此处，此变量名与消息名相同，但并不一定要相同。

接下来，需要调用雇员出差状态 Web 服务。在调用之前，必须为此 Web 服务准备输入。查看雇员 Web 服务的 WSDL，可以看到必须发送由雇员部分组成的消息，可以通过复制客户端发送的消息的雇员部分来构造此消息。编写相应的赋值语句：

```
...
<!-- Prepare the input for the Employee Travel Status Web Service -->
<assign>
<copy>
<from variable="TravelRequest" part="employee"/>
<to variable="EmployeeTravelStatusRequest" part="employee"/>
</copy>
</assign>
...
```

现在，就可以调用雇员出差状态 Web 服务了。为了进行同步调用，使用<invoke>活动。同时这里使用 employeeTravelStatus 合作伙伴链接，并对 EmployeeTravelStatusPT 端口类型调用 EmployeeTravelStatus 操作。已经在 EmployeeTravelStatusRequest 变量中准备了输入消息。由于它是同步调用，因此该调用等待回应并将其存储在 EmployeeTravelStatusResponse 变量中：

```
...
<!-- Synchronously invoke the Employee Travel Status Web Service -->
<invoke partnerLink="employeeTravelStatus"
```

```
    portType="emp:EmployeeTravelStatusPT"
    operation="EmployeeTravelStatus"
    inputVariable="EmployeeTravelStatusRequest"
    outputVariable="EmployeeTravelStatusResponse"/>
    ...
```

下一步是调用上述两个航空公司 Web 服务。同样，首先准备所需的输入消息（这两个 Web 服务的输入消息相同）。FlightTicketRequest 消息包含两部分：

flightData：它从客户端消息（TravelRequest）中检索而得。

travelClass：它从 EmployeeTravelStatusResponse 变量中检索而得。

因此，编写一个包含两个 copy 元素的赋值：

```
    ...
    <!-- Prepare the input for AA and DA -->
    <assign>
    <copy>
      <from variable="TravelRequest" part="flightData"/>
      <to variable="FlightDetails" part="flightData"/>
    </copy>
    <copy>
      <from variable="EmployeeTravelStatusResponse" part="travelClass"/>
      <to variable="FlightDetails" part="travelClass"/>
    </copy>
    </assign>
    ...
```

输入数据包含需要传递给航空公司 Web 服务的数据。由于格式相同，因此可以使用一个简单复制直接传递它。在实际情况下，通常需要执行转换。为此，可以使用具有<assign>的 XPath 表达式、使用转换服务（如 XSLT 引擎）或使用由特定 BPEL 服务器提供的转换功能。

现在，准备调用这两个航空公司 Web 服务。进行并发的异步调用。为表述并发，BPEL 提供了<flow>活动。对每个 Web 服务的调用将包含两个步骤：

使用<invoke>活动进行异步调用。

使用<receive>活动等待回调。

使用<sequence>对这两个活动进行分组。这两个调用只在合作伙伴链接名称上存在差别。所以对一个调用使用 AmericanAirlines，对另一个调用使用 DeltaAirlines。两者均对 FlightAvailabilityPT 端口类型调用 FlightAvailability 操作，发送 FlightDetails 变量中的消息。

使用<receive>活动接收回调。再次使用这两个合作伙伴链接名。<receive>等待对 FlightCallbackPT 端口类型调用 FlightTicketCallback 操作。将结果消息分别存储到 FlightResponseAA 和 FlightResponseDA 变量中：

```
    ...
    <!-- Make a concurrent invocation to AA in DA -->
    <flow>
```

```
<sequence>
<!-- Async invoke of the AA web service and wait for the callback-->
<invoke partnerLink="AmericanAirlines"
portType="aln:FlightAvailabilityPT"
operation="FlightAvailability"
inputVariable="FlightDetails"/>
<receive partnerLink="AmericanAirlines"
portType="aln:FlightCallbackPT"
operation="FlightTicketCallback"
variable="FlightResponseAA"/>
</sequence>
<sequence>
<!-- Async invoke of the DA web service and wait for the callback-->
<invoke partnerLink="DeltaAirlines"
portType="aln:FlightAvailabilityPT"
operation="FlightAvailability"
inputVariable="FlightDetails"/>
<receive partnerLink="DeltaAirlines"
portType="aln:FlightCallbackPT"
operation="FlightTicketCallback"
variable="FlightResponseDA"/>
</sequence>
</flow>
...
```

在该流程的这个阶段，收到两个机票报价。在下一步中，必须选择一个机票报价。为此，使用<switch>活动。

```
...
<!-- Select the best offer and construct the TravelResponse -->
<switch>
<case condition="bpws:getVariableData('FlightResponseAA',
'confirmationData','/confirmationData/Price')
<= bpws:getVariableData('FlightResponseDA',
'confirmationData','/confirmationData/Price')">
<!-- Select American Airlines -->
<assign>
<copy>
<from variable="FlightResponseAA"/>
<to variable="TravelResponse"/>
</copy>
</assign>
</case>
<otherwise>
<!-- Select Delta Airlines -->
<assign>
<copy>
<from variable="FlightResponseDA"/>
```

```
<to variable="TravelResponse"/>
</copy>
</assign>
</otherwise>
</switch>
...
```

在<case>元素中，检查美国航空公司的机票报价（FlightResponseAA）是等于还是低于达美航空公司的机票报价（FlightResponseDA）。为此，使用 BPEL 函数 getVariableData 并指定变量名。价格位于 confirmationData 消息的内部，虽然它是唯一的消息部分，但是仍然必须指定它。还必须指定查询表达式以找到价格元素。此处，采用简单的 XPath 1.0 表达式。

如果美国航空公司的机票报价低于达美航空公司的机票报价，则将 FlightResponseAA 变量复制到 TravelResponse 变量（最终将此变量返回给客户端）。否则，将复制 Flight-ResponseDA 变量。

已经到达此 BPEL 业务流程的最后一步，使用<invoke>活动将回调返回给客户端。对于此回调，这里使用客户端合作伙伴链接并对 ClientCallbackPT 端口类型调用 ClientCallback 操作。保存答复消息的变量为 TravelResponse：

```
...
<!-- Make a callback to the client -->
<invoke partnerLink="client"
portType="trv:ClientCallbackPT"
operation="ClientCallback"
inputVariable="TravelResponse"/>
</sequence>
</process>
```

到此，已经完成了第一个 BPEL 业务流程规范。读者可以看到，BPEL 并不是很复杂，并允许相对简单和自然的业务流程规范。

5. 部署和测试

Oracle BPEL Process Manager 是全球第一个商业化 BPEL 流程引擎。该工具是可扩展的、可靠的流程引擎，适用于设计、建模、执行和管理业务流程。部署到 Oracle BPEL Process Manager 的每个 BPEL 流程都需要一个流程描述符。BPEL 标准不包括此流程描述符，且它特定于 BPEL 服务器。部署流程描述符是流程在给定平台上的唯一实现部分，必须重写它才能在不同 BPEL 引擎上运行该流程。Oracle 流程描述符是一个 XML 文件，它指定有关 BPEL 流程的细节：BPEL 源文件名、BPEL 流程名 （ID）、所有合作伙伴链接 WSDL Web 服务的 WSDL 位置以及可选的配置属性。流程描述符的默认文件名为 bpel.xml，也可以使用任何其他名称：

```
<BPELSuitcase>
<BPELProcess src="Travel.bpel" id="TravelProcessCh4">
<partnerLinkBindings>
```

```
<partnerLinkBinding name="client">
<property name="wsdlLocation">
Travel.wsdl
</property>
</partnerLinkBinding>
<partnerLinkBinding name="employeeTravelStatus">
<property name="wsdlLocation">
http://localhost:9700/orabpel/default/Employee/Employee?wsdl
</property>
</partnerLinkBinding>
<partnerLinkBinding name="AmericanAirlines">
<property name="wsdlLocation">
http://localhost:9700/orabpel/default/AmericanAirline/AmericanAirline?wsdl
</property>
</partnerLinkBinding>
<partnerLinkBinding name="DeltaAirlines">
<property name="wsdlLocation">
http://localhost:9700/orabpel/default/DeltaAirline/DeltaAirline?wsdl
</property>
</partnerLinkBinding>
</partnerLinkBindings>
</BPELProcess>
</BPELSuitcase>
```

在 Oracle BPEL 服务器上成功部署了 BPEL 流程后，就可以执行它。Oracle BPEL Process Manager 提供了一个 BPEL 控制台，通过它可以在 BPEL 服务器域中执行、监视、管理和调试 BPEL 流程。

9.4　本 章 小 结

本章重点介绍了 Web 服务组合、BPEL、编配与编排，概述了 Web 服务组合的基本知识，描述了 BPEL 的执行过程并给出了具体的案例，给出了编配与编排的比较，并介绍了编排的一些属性。对于 Web 服务组合而言，业务流程执行语言 BPEL 已经成为一个标准规范，用于定义和管理业务流程活动和业务交互协议。从编配角度，这些业务流程活动和业务交互协议由协作的 Web 服务组成，形成完整的服务组合，提供一套完整的流程。Web 服务编排描述语言是一个 XML 规范。对于业务协作中涉及所有的 Web 服务参与者间的消息交换，Web 服务编排描述语言可用来描述消息交换的可观察行为的全局视图。

第 10 章　XML 与 Web 服务安全

Web 服务的关键能力是提供一种综合的、全方位的、交互的、容易集成的解决方案。灵活开放的标准使得 Web 服务成为一种优秀的机制，可以通过 Web 服务将功能向客户端公开，以及用它来承载前端 Web 服务可以访问的中间层业务逻辑。然而，由于标准的局限性，以及需要支持各种客户端类型，从而使 Web 服务面临着安全性(Security)的挑战。一个完整的 Web 服务安全解决方案应该通过利用 Web 服务模型核心组件的可扩展性，建立一整套的安全规范。这些规范建立在一些基础技术(如 SOAP、WSDL、XML 签名(XML Signature)、XML 加密(XML Encryption)和 SSL/TLS)之上。让 Web 服务提供者和请求者在这个实用框架下，开发满足应用程序特殊安全性需求的解决方案。

10.1　XML 安全性标准

基于 XML 和 Web 服务的 SOA 能促进组织边界内以及跨组织边界的业务集成。但是这样的优点需要代价的，即安全系统本身也必须集成。没有这个安全集成，安全解决方案仍分散在各个项目层，没有集中的方式来配置、监控、分析和控制集成数据流。对于企业集成的成败与否，跨企业边界实施、管理和监控安全性策略变得越来越重要。

Web 服务技术使用互联网协议上的基于 XML 的消息与其他应用进行交互，控制内容发送和保证信息完整性的需求导致很多企业不能够在外部网络上使用 Web 服务。目前，一些针对 XML 安全问题的标准已经发布，这些标准还在进一步地发展以便人们能够对 XML 内容进行细粒度管理和控制。本节将介绍 5 种 XML 安全方面的标准，分别为用于加密认证数据的 XML Signature、用于加密数据的 XML Encryption、用于管理密钥注册和密钥认证的 XML 密钥管理规范(XKMS)、用于指定权力和标识的安全声明标记语言(SAML)，以及用于指定细粒度数据访问权力的 XML 访问控制标记语言(XACML)。

10.1.1　XML 签名

XML 签名(XML Signature)和 XML 加密紧密相关。和安全认证签名相似，XML 也是用于确保 XML 文件内容没有被篡改的。为了适应各种文件系统和处理器在版式上的不同，XML 签名采用了"标准化"(Canonicalization)。这就使得 XML 签名可以适应 XML 文件可能遇到的各种环境。当对内容进行签名时，Canonicalization 使用文件中的数据和标识产生一个独一无二的签名，忽略了一些诸如段落结束或者制表符之类的次要信息。收到一个文件后，客户系统就开始进行"XML 签名解密转换"，它通过辨认信息是在标识前还是标识后来区分内容和签名：内容在标识后，而签名在标识前。通过比较运算结果和文件中的签名，可以确认数据的完整性。XML 签名和 XML 加密结合在一起，可以确保数据发送和接收的一致性。

　　数字签名操作可应用在任意（经常是 XML）数据上。XML Signature 定义了获取数字签名操作结果的模式。通常有三类数字签名：封外签名（Enveloping Signature）、封内签名（Enveloped Signature）、分离签名（Detached Signature）。在封外签名中，签名包含了被签名的整个 XML 文档，被签名的文档是 Signature 元素的一部分。在封内签名中，XML 签名嵌入在 XML 文档中。在分离签名中，XML 文档和签名独立存放，文档通常由一个外部的 URI 引用。分离签名意味着被签名的数据不在签名元素中，而是在 XML 文档的其他地方或者位于远程的某个地方。

　　签名验证要求被签名的数据对象是可访问的。通过引用封外签名对象、封内签名对象，以及分离签名对象，XML Signature 本身通常指明了原始被签名对象的位置。

　　下面代码显示了 XML 签名样例。这个简化的例子显示了：被签名的数据对象是一条新闻，代码中的第一个<Reference>元素的 URI 属性标识了这条新闻。<Signature>元素表示了 XML 数字签名。元素中有关被签名的原始数据对象的信息通过 URI 表示。在封外签名中，<Signature>元素成为原始数据对象的父亲。在封内签名中，<Signature>元素成为原始数据对象的孩子。在分离签名中<Signature>元素可以是原始数据对象的兄弟，或者<Signature>元素携带一个对外部数据对象的引用。下面代码表示了一个分离签名，因为它不是被签名文档的组成部分。

　　<Signature>元素允许应用携带摘要值以及其他信息，还能携带验证签名所需的密钥。该元素包含了实际签署的数据对象以及其他信息，其中<SignedInfo>元素提供有关 XML 签名的信息。它还包含一个<SignatureValue>元素，和数字签名的实际值，即<SignedInfo>元素的加密摘要。

　　将 XML 文档转换成规范形式的过程称为规范化。XML 规范化意味着使用一个算法生成 XML 文档的规范形式，从而确保一些情况下的安全性，如当 XML 曲面表示（Surface Representation）发生变化时，或丢弃 XML 不重要信息（如实体或带前缀的命名空间）时。

　　<SignedInfo>元素的第一个子元素<CanonicalizationMethod>用于指定规范化算法。在相关的<SignedInfo>元素做摘要并生成签名之前，<CanonicalizationMethod>所指定的算法将应用在该元素上。第二个子元素<SignatureMethod>是一个密码学算法，用于将规范的<SignedInfo>转换到<SignatureValue>。

　　在 XML 签名中，<Reference>元素指定了每个被引用的资源。<Reference>元素通过 URI 属性标识了数据对象，并携带了数据对象的摘要值。每个<Reference>元素包括一个<DigestMethod>元素。该元素指定应用在数据对象上的摘要算法，生成的摘要值包含在<Digestvalue>元素中。

　　XML 签名样例：

```
<?xml version="1.0" encoding="utf-8"?>
<Signature xmlns="http://www.w3.org/2000/10/xmldsig#">
<SignedInfo Id="2ndDecemberNewsItem">
  <CanonioalizationMethod
      Algorithm="http://www.w3.org/TR/2001/REC-xml-c14n-20010315"/>
  <SignatureMethod Algorithm="http://www.w3.org/2000/09/xmldsig#dsa-shal"/>
    <Reference URI="http://www.news_company.com/news/2004/12_02_04.htm">
```

```
        <DigestMethod Algorithm=" http://www.w3.org/2000/09/xmldsig#shal"/>
        <DigestValue>j6lwx3rvEPO0vKtMup4NbeVu8nk=< /DigestValue >
            </Reference>
            <Reference URI="#AMadeUpTimeStamp"
            Type= "http://www.w3.org/2000/09/xmldsig#SignatureProperties">
                    <DigestMethod Algorithm=" http://www.w3.org/2000/09/xmldsig#shal"/>
            <DigestValue>k3453rvEPO0vKtMup4NbeVu8nk=< /DigestValue >
            </Reference>
        ... ...
    </SignedInfo>
    <SignatureValue>MC0E～LE=...</SignatureValue>
    <KeyInfo>
    <X509Data>
        <X509SubjectName>
        CN=News Items Inc., O=Today's News Items, C=USA
        </X509SubjectName>
        <X509Certificate>
            MIID5jCCA0+gA...lVN
        </X509Certificate>
        </X509Data>
    </KeyInfo>
    <Object>
    <SignatureProperties>
            <SignatureProperty Id="AMadeUpTimeStamp" Target="#2ndDecemberNewsItem">
            <timestamp xmlns="http://www.ietf.org/rfcXXXX.txt">
            <date>2004122</date>
            <time>18:30</time>
            </timestamp>
            </SignatureProperty>
        </SignatureProperties>
    </Object>
    </Signature>
```

　　可选项<KeyInfo>元素提供了用打包的验证密钥验证签名的能力。<KeyInfo>元素可能包含密钥、名称、证书和其他公钥管理信息，如带内(in-band)密钥分发或密钥协议数据。在下面代码中，密钥信息包括发送者的 X.509 证书，包含了签名验证所需的公钥。

　　在下面代码中，<Object>元素是一个可选元素，主要用于封外签名。在封外签名中，数据对象是签名元素的一部分。<Object>中的<SignatureProperties >元素类型可包含签名的其他信息，如日期、时间戳、加密硬件的序列号，以及其他与特定应用相关的属性。

　　签名验证要求被签名的数据对象是可访问的。为验证签名，接收者使用签名者的公钥解码消息摘要，消息摘要包含在 XML 签名元素<SignatureValue>中。

　　SignatureValue 提供自己的数据完整性。XML Signature 对于认证和不可抵赖性也是重要的；但是它本身不提供这些功能。WS-Security 标准描述了如何使用 XML Signature 将一个安全性令牌(表示了与安全相关的信息)绑定到 SOAP 消息，并且 WS-Security 标准通过扩展，将签名者的身份标识绑定到 SOAP 消息，从而提供了认证功能和不可抵赖性的功能。

10.1.2　XML Encryption

XML Signature 规范并没有定义用于加密 XML 实体的任何标准机制。加密 XML 实体是提高 Web 应用安全性的另一个重要的安全特性。这个功能由 XML Encryption 规范提供。XML Encryption 规范是 W3C 开发的，W3C 支持对整个 XML 文档（或 XML 文档的一部分）进行加密。

XML Encryption 的执行步骤如下：

(1)选择要加密的 XML 文档（整个或部分）；

(2)将要加密的 XML 文档转换成规范形式（在某些情况下）；

(3)使用公钥加密生成规范形式；

(4)发送加密的 XML 文档给预想的接收者。

XML 加密语法的核心元素是 EncryptedData 元素，该元素与 EncryptedKey 元素一起将加密密钥从发起方传送到已知的接收方，EncryptedData 是从 EncryptedType 抽象类型派生的。要加密的数据可以是任意数据、XML 文档、XML 元素或 XML 元素内容；加密数据的结果是一个包含或引用密码数据的 XML 加密元素。当加密元素或元素内容时，EncryptedData 元素替换 XML 文档加密版本中的该元素或内容。当加密的是任意数据时，EncryptedData 元素可能成为新 XML 文档的根，或者可能成为一个子代元素。当加密整个 XML 文档时，EncryptedData 元素可能成为新文档的根。此外，EncryptedData 不能是另一个 EncryptedData 元素的父代或子代元素，但是实际加密的数据可以是包括现有 EncryptedData 或 EncryptedKey 元素的任何内容。

下面的代码片断 1 显示了带有信用卡和其他个人信息的未加密 XML 文档。代码片断 2 显示：对于中介机构来说，了解 John Smith 使用具有特定限额的信用卡是有用的，但是不知道卡号、签发者以及过期日期。在这种情况下，信用卡元素的内容（字符数据或孩子元素）是加密的。<CipherData>元素是包含加密内容的元素。XML Encryption 允许以两种方式携带加密的内容。如果加密的内容在原地，它作为<Ciphervalue>元素的内容携带。<Ciphervalue>元素是<CipherData>元素的孩子。这些如代码片断 2 所示。或者，XML Encryption 允许加密的内容存储在外部的位置，由<CipherData>元素的孩子<CipherReference>元素引用。

代码片断 1：未加密 XML 文档。

```
<?xml version="1.0"?>
<PaymentInfo xmlns='http://example.org/paymentv2&#39;>
        <Name>John Smith<Name/>
        <CreditCard Limit='5,000' Currency='USD'>
            <Number>4019 2445 0277 5567</Number>
            <Issuer>Bank of the Internet</Issuer>
            <Expiration>14/02</Expiration>
        </CreditCard>
</PaymentInfo>
```

代码片断 2：

```
<?xml version="1.0"?>
```

```
<env:Envelope>
 <env:Body>
  <PaymentInfo xmlns='http://example.org/paymentv2&#39;>
        <Name>John Smith<Name/>
        <EncryptedData Type='http://www.w3.org/2001/04/xmlenc#Element'
         xmlns='http://www.w3.org/2014/10/xmlenc#'>
            <CipherData><Ciphervalue>A23B45C56</Ciphervalue></CipherData>
        </EncryptedData>
  </PaymentInfo>
 <env:Body>
<env:Envelope>
```

代码片断 3:

```
<?xml version="1.0"?>
<PaymentInfo xmlns='http://example.org/paymentv2&#39;>
        <Name>John Smith<Name/>
        <CreditCard Limit='5,000' Currency='USD'>
            <Number>
                <EncryptedData xmlns='http://www.w3.org/2001/04/xmlenc#'
                Type='http://www.w3.org/2001/04/xmlenc#Content'>
                    <CipherData><Ciphervalue>A23B45C56</Ciphervalue>
                    </CipherData>
                </EncryptedData>
            </Number>
            <Issuer>Bank of the Internet</Issuer>
            <Expiration>04/02</Expiration>
        </CreditCard>
</PaymentInfo>
```

代码片断 4:

```
<?xml version="1.0"?>
 <EncryptedData xmlns='http://www.w3.org/2001/04/xmlenc#'Type='http:
  //www.isi.edu/in-notes/iana/assignments/media-types/text/xml&#39;>
   <CipherData><Ciphervalue>A23B45C56</Ciphervalue></CipherData>
 </EncryptedData>
```

在某些情况下(如隐藏支付机制的信息)，可能希望加密除客户名称以外的所有信息，代码片断 2 演示了除名称之外全部被加密的加密文档；代码片断 3 演示了只隐藏信用卡号的加密文档；代码片断 4 演示了隐藏全部内容的加密文档。

10.1.3　XML 加密管理规范

XML 加密管理规范(XML Encryption Management Specification，XKMS)是 W3C 制定的一项标准。它定义了分发和注册 XML 签名规范所使用的公共密钥的方法。XKMS 包括 XML 密钥注册服务规范(X-KRSS)和 XML 密钥信息服务规范(X-KISS)两部分。X-KRSS 用于注册公共密钥，而 X-KISS 用于 XML 签名提供的密钥方面。

1. 密钥信息服务规范(X-KISS)

在 XML 应用中,对于与 XML 数字签名、XML 加密数据或其他的公开密钥使用方式相关的信息,X-KISS 定义了通过依赖方来处理这些信息的协议。支持的功能包括定位特定标识符信息所需的公钥,并将这些密钥绑定到标识符信息。与 X-KISS 协同工作的应用接收依照 XML Signature 规范签名的消息。

X-KISS 通过两类服务提供核查:定位服务和验证服务。定位服务用于从 XML Signature 规范密钥信息元素包含的数据中找到附加的信息。验证服务用于确保密钥是有效的。

2. XML 密钥注册服务规范(X-KRSS)

X-KRSS 的目标是提供一个完整的、以客户为本的 XML 密钥生命周期管理协议。为达到这个目标,X-KRSS 定义了一个基于 XML 协议的公钥信息注册。它允许 XML 应用将它的公钥对和相关的绑定信息注册到 XKMS 信任服务提供者。

XKMS 支持三种主要的服务:注册服务、定位服务和验证服务。注册服务用于为第三方监管的契约服务注册密钥对。一旦注册了密钥,XKMS 服务管理注册密钥的撤销、重发及恢复。定位服务用于获取用 XKMS 服务注册的公钥。验证服务提供定位服务的所有功能,并支持密钥验证。

图 10.1 所示为一个交互的示例,一个供应商向装运商发送一个装运消息,并对消息进行加密和签名。供应商不再管理密钥信息,而是请求 XKMS 服务处理有关密钥处理的活动。在处理流程的开始,供应商和装运商都使用注册服务在 XKMS 信任服务上注册它们的密钥对(步骤 1)。紧接着供应商注册密钥,供应商需要对发送给供应商的消息进行加密。出于这个目的,供应商向 XKMS 服务器发送一个定位请求(步骤 2),查找装运商的公钥。由于装运商已经用 XKMS 服务注册了它的密钥,服务器就在应答中提供装运商的公钥。然后供应商使用这个公钥来加密消息,并应用它自身的密钥对消息进行签名,然后将加密和签名后的消息转发给装运商(步骤 3)。装运商接收到消息后,将包含在签名消息中的 XML Signature<KeyInfo>元素传递给 XKMS 服务进行验证。

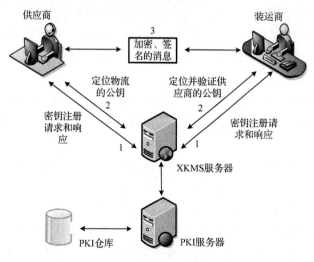

图 10.1　使用 XKMS 服务的示例

10.1.4 安全断言标记语言

安全断言标记语言(SAML Security Assertion Markup Language，SAML)是一个基于 XML 的标准，用于在不同的安全域(Security Domain)之间交换认证和授权数据。SAML 标准定义了身份提供者(Identity Provider)和服务提供者(Service Provider)，这两者构成了前面所说的不同的安全域。SAML 是 OASIS 组织安全服务技术委员会(Security Services Technical Committee，SSTC)的产品。一个 SAML 请求以 HTTP 方式通过 SOAP 被发送到一个有相应处理工具的系统中。一个 SAML 请求包括诸如用户姓名、密码及其他一些关于提出请求的用户信息。这些信息被发送到一个处理应用程序来决定是否允许使用一项 XML 资源。SAML 采用了一项由 OASIS 提出的"声明计划"，有三种声明：认证、授权决定和属性。这三种声明在一个应用中被用在不同的场合来决定谁是请求者，请求的内容，是否有权提出这项请求。

SAML 使得不同的安全性系统能够进行互操作，同时各个组织可以保留他们自己的认证系统。既无须一个企业认证所有外部用户，也无须通过集中式的认证注册来认证合作伙伴。SAML 提供了一个具有互操作性的、基于 XML 的安全性解决方案。通过 SAML 进行协作的应用或服务以断言的形式，交换用户信息和对应的授权信息。为了实现这一目的，对于传送安全性文档的结构，SAML 规范建立了断言和协议模式。通过定义如何交换身份标识和访问信息，SAML 变成了一个共同的语言，各组织可以进行相互通信，且无须修改它们自身的内部安全性体系结构。

SAML 的主要组件包括：

(1) 断言：SAML 定义了三类断言，认证断言需要用户证明他们的身份标识。属性断言包含用户的具体细节，如他们的信用额度或国籍。授权断言指定了是允许客户的请求还是拒绝客户的请求，并指定了客户特权的作用域。授权断言允许或拒绝对一个资源(如文件、设备、数据库等)的访问。

(2) 请求/响应协议：SAML 定义了一个请求/响应协议，用于获取断言。一个 SAML 请求既可以请求一个已知的断言，也可以进行属性认证和授权决策请求，SAML 响应将返回所请求的断言。在 XML 模式中，定义了协议消息的 XML 格式和它们的扩展。

(3) 绑定：这个元素精确地叙述了如何将 SAML 请求/响应消息交换映射到标准的消息传送协议或通信协议上。

(4) 描述文件：描述文件规定了如何在通信系统之间嵌入或传输 SAML 断言。一般地，对于特定的应用，SAML 的描述文件定义了约束以及对 SAML 使用方面的扩展，其目的是增强互操作性。

当客户试图访问一些目标站点时，它将从 SAML 授权机构转发 SAML 断言。然后，目标站点确认断言是否来自于它所信任的机构。假如断言来自目标站点信任的机构，则该站点就将该 SAML 认证断言作为客户已经得到认证的证明。紧接着，对于被认证的客户，目标站点能够向 SAML 属性机构请求一个属性断言，传递认证断言。返回的属性断言将要包含客户的属性，SAML 属性机构需要保证客户的属性正确。最后，目标站点可以将属性断言传递给一个授权服务，查询客户是否可以在某一资源上完成一个活动。授权服务可以是目标站点所属公司的一个本地服务或者是一个外部的 SAML 授权服务。

　　下面代码中包含了一个 SAML 断言形式的认证声明。认证声明指定了过去所发生的认证行为的结果。假定一个 SAML 机构认证一个用户并发送相应的安全断言。

　　SAML 认证断言示例：

```
<saml:Assertion xmlns:saml="urn:oasis:name:tc:SAML:1.0:assertion"
       MajorVersion="1" MinorVersion="0" AssertionID="XraafaacDz6iXrUa"
       Issuer="www.some-trusted-party.com"IssueInstant="2014-10-19T13:02:00Z">
    <saml:Conditions NotBefore=" 2014-10-19T13:02:00Z"
                     NotOnOrAfter=" 2014-10-19T13:10:00Z"/>
<saml:AuthenticationStatement
             AuthenticationMethod="urn:ietf:rfc:3075"
             AuthenticationInstant=" 2014-10-19T13:02:00Z">
         <saml:Subject>
           <saml:NameIdentifier
                NameQualifier=http://www.some-trusted-party.com
                Format="...">
                uid="OrderProcService"
           </saml:NameIdentifier>
<saml:SubjectConfirmation>
<saml: ConfirmationMethod>
urn:oasis:names:tc:SAML:1.0:cm:holder-of-key
</saml: ConfirmationMethod >
<ds:KeyInfo>
<ds:Keyname>OrderProcServiceKey< /ds:Keyname >
<ds:KeyValue>...< /ds: KeyValue >
</ds:KeyInfo>
</saml:SubjectConfirmation>
</saml:Subject>
</saml:AuthenticationStatement>
</saml:Assertion>
```

　　上述代码针对一个订单处理场景。在该场景中，需要将订单消息从一个订单处理服务转发到装运处理服务，并最终发送到账单服务。代码显示了订单处理场景中的一个具有认证声明的断言示例。更具体地说，清单中的断言规定：名为 OrderProcServiceKey 的公开密钥拥有者是实体 OrderProcService。断言机构(some-trusted-Party)已经使用了 XML 数字签名认证 OrderProcService。基本信息指定一个具有唯一性的标识符作为断言标识符，并指定发出断言的日期和时间，以及断言的有效期。

　　根<Assertion>元素包含 3 个重要的子元素：<Condition>元素、<AuthenticationStatement>元素和<ds:Signature>元素。<Condition>元素指定断言的有效期。<AuthenticationStatement>元素认证流程的输出(最终结果)。<ds:Signature>元素包含常规的数字签名标签。认证的主体是 OrderProcService。SAML 规范提供许多预先定义的格式，可以从中选择主体的格式，包括电子邮件地址和 X.509 的主题名，还可以进行自定义。在代码中，最初在 "2014-07-

19T17:02:0Z" 使用 XML 数字签名（通过 urn:itef:rfc;3075 表示）认证实体 OrderProcService。最后，<AuthenticationStatement>的<SubjectConfirmation>元素指定断言的主体和包含断言消息的作者之间的关系。就上述代码而言，它仅包含一个断言。这个断言的主体是订单处理服务，并且订单处理服务本身最终将向装运处理服务发送一个装运请求。

对于安全系统，依赖方简单地依赖断言机构提供断言并不是很合适。SAML 定义了许多安全机制。通过这些机制，可阻止或检测安全攻击。对于依赖方和断言方，主要机制是有一个预先存在的信任关系，通常涉及 PKI。虽然并不强制使用 PKI，但建议使用 PKI 技术。

10.1.5　XML 访问控制标记语言

SAML 仅能定义如何交换身份标识和访问信息，如何使用这个信息是 XML 访问控制标记语言（XML Access Control Markup Language，XACML）的责任。XACML 是 SAML 的扩展，其允许访问指定的控制策略。

XACML 是 OASIS 制定的一个用以整合多个研究机构（如 IBM 和米兰大学）努力成果的一个标准。它和 SAML 共同使用，可提供一种标准化 XML 文件接入访问控制的方法。XACML 用来决定是否允许一个请求使用一项资源，如它是否能使用整个文件、多个文件，还是某个文件的一部分。

XACML 收到一个 SAML 请求后就根据事先制定的规则或策略来判断是否允许请求使用某项资源。和 XML 加密相反，接入控制信息是物理上独立的，当一个请求生成时，该信息被引用。Xpointers 和 Xpaths 是在 XML 资源的标识里定义的，它们通知处理器检查 XACML 策略，以及在哪里可以找到这些策略。一旦按照策略完成了评估，就会返回一个是真或者是假的逻辑值表示是否允许接入，这个认证决定声明返回后，就会执行相应的操作。简单地说，XACML 是一个通用的访问控制策略语言，该语言提供了一个管理授权决策的语法（使用 XML 语言定义）。

XACML 的策略语言模型如图 10.2 所示。策略是基于 XACML 语言的访问控制框架中可以交互的最小单元，它由策略管理点产生并维护，策略决策点（PDP）依据相应的策略进行决策判断。策略包括 4 个组成部分，即目标、组合算法、规则集和义务集。一个策略的目标可以由策略管理人员在策略中明确规定，也可以从策略、策略集或者规则集中推导出来。一旦在策略中明确了目标，则所有规则中的目标都要忽略。组合算法规定了策略中的规则组合算法。规则集是策略中的一条或者多条规则组合。规则（Rule）是策略语言中一个重要的基本元素。规则包括 3 个组成部分，即目标（Target）、效用（Effect）和条件（Condition）。目标表示规则应用的对象，包括 4 个基本元素，即资源（Resource）、主体（Subject）、动作（Actions）和环境（Environment）。效用表示规则应用后的结果，包括 2 个值，即许可（Permit）和拒绝（Deny）。义务集在应用规则的过程中由策略决策点（PDP）返回给策略执行点（PEP），除了执行相应的许可或拒绝操作外。策略执行点（PEP）还需要执行一些义务，如需要记录相应的日志等。把多个策略组合在一起形成一个策略集，在 XACML 语言中，策略集用来描述同时引用多条策略的情况。

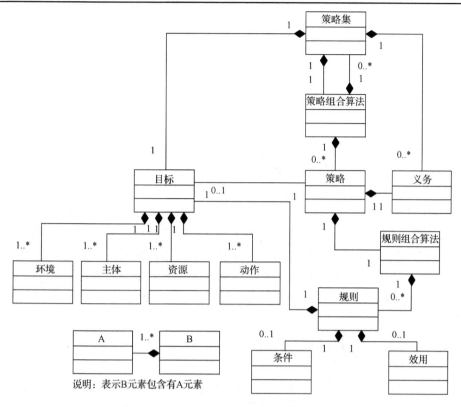

图 10.2　XACML 的策略语言模型

XACML 在策略表达上结构清晰，将安全规则表示为主体、客体、行为和约束 4 个主要属性的属性值集合。XACML 是基于 XML 的访问控制策略指派语言，使用标签来标识安全策略的各个元素。XACML 的标签规定了策略名、规则名及规则属性等，种类丰富。下面代码表示了一个 XACML 的策略示例 XACML 通过<Policy>标签及其属性值声明策略 ID，策略适用群组和规则联合算法，以对策略做出标识和说明。PolicyID 和 PolicyTarget 分别用于声明策略 ID 和策略适用群组，RuleCombiningAlgId 声明了规则联合算法，规则联合算法的作用是解决安全策略中不同安全规则可能造成的冲突，以保证每个访问请求只得到一个最终授权结果。策略是由规则组成的，XACML 用标签<RuleID></Rule>来标示规则，在规则标签头中，RuleID 是规则 ID，Effect 标示该规则的效用，即是一个许可规则还是拒绝规则。在规则体内，用<Target></Target>标示规则的各属性，包括主体（Subject）、客体（Resource）和行为（Action），对每一个属性，都在相应标签中先标示属性名称，如 FileType，再标示该属性的属性值。约束属性用<Condition>标签标示，位于<Target>之后。安全规则的 4 个属性中，如果对某个属性没有安全约束限制，则可以省略该属性的标签。

XACML 策略示例：

```
<Policy PolicyID=Policy1
Policy Target GroupName=University1
  RuleCombiningAlgId="permit-overrides">
  <RuleID=R1 Effect=Permit>
  <Target>
```

```
<Subject Designation={Educatee, Professor, Teacher}>
<Resource FileType={Score}>
<Action AccessType={Read, Write}>
  </Target>
  <Condition Time≤12:00>
</Rule>
</Policy>
```

10.2　Web 服务的安全性

对于 Web 服务应用而言，安全性是一个重要问题。即使对于有可能建立动态的、短期关联关系的关键任务，Web 服务通常也是基于不安全的互联网。Web 服务的灵活性等优点在一定程度上导致潜在的安全缺陷，这就要求采取措施以抵御各种攻击。对于组织和他们的客户来说，通过应用全面的安全模型来确保 Web 服务的完整性、私密性和安全性是非常重要的。本节将对 Web 服务的安全性问题进行描述，介绍 Web 服务安全性模型和 Web 服务安全性体系结构。

10.2.1　Web 服务面临的安全性问题

Web 服务的目标是向新的以及原有的应用暴露标准化的接口，从而可以构建横跨不同组织的网络应用和业务流程。通过服务聚集，可以更容易地创建新的增值服务，如允许经销商查看厂商产品的可用性和价格、订单、在线跟踪订单的状态。因为以前的技术没有暴露这个层次的业务应用，这也引入了新的安全威胁。一个重要的安全问题是，Web 服务可穿越防火墙，在应用层隐蔽了它们的作用。例如，Web 服务设计为通过端口 80 穿过网络防火墙，只提供很少的、基本的内容检查。需要有应用层的安全性来保护 XML 和 Web 服务相关的安全威胁。在提供基于 IP 的访问控制和网络层保护方面，网络防火墙依然是至关重要的，因此需要一个服务(或 XML)防火墙来保护 Web 服务。为达到这个目标，服务防火墙必须了解请求者是谁，正在请求的信息是什么，以及正在请求什么特定服务。此外，它们必须能拦截进入的 XML 流量，并基于该流量中的内容采取基于策略的动作。若要提供必要的安全性来保护 Web 服务和 SOA 环境，这类功能是先决条件。

另一个安全性问题是，由于 Web 服务是标准化的和自描述的，所以易受到攻击。和私有接口相比，入侵者对于标准接口了解得更多，因此可以更容易地访问标准接口。此外，SOAP 消息为每个消息提供信息和结构。例如，一个打包的应用可能暴露大量的重要操作，这些操作都可以通过端口 80 访问。另外，攻击者可以获取更多的有用信息。因为 WSDL 规范和 UDDI 条目都是自描述的，所以攻击者可以获得详细信息，从而使入侵者可以获得关键任务应用的入口。WSDL 文档提供有关每个 Web 服务的详尽信息，包括服务所在的位置、如何访问它、向它发送何种信息，以及开发者期望接收何种信息。这给潜在的入侵者提供了详尽的信息，使得他们可以非法访问服务。这点也表明了我们需要将关注的重点从网络层安全变为应用层安全。

为解决 Web 服务安全性问题，WS-I Basic Security profile 已经识别了几种 Web 服务安全威胁和挑战，以及用于减轻每种威胁的对策(技术和协议)。下面将 WS-I Basic Security Profile 中列出的威胁分为四大类，阐述 Web 服务中一些最频繁出现的安全问题。

(1)未经授权的访问：消息内的信息被非预期的参与者或未被授权的参与者看到，如一个未经授权方获得一个信用卡号。

(2)经授权的消息修改：因为攻击者可以修改部分(或整个)消息，所以这些威胁影响消息完整性。通过插入、删除或修改信息创建者创建的信息，可以改变消息中的信息，接收者因此会错误理解信息创建者的意图。例如，攻击者可以删除一部分消息，或修改一部分消息，或者向消息中插入附加信息。这类安全问题可能包括：修改附件、重放攻击(拦截被签名的消息，然后再发送回目标站点)、会话劫持、伪造声明以及伪造消息。

(3)中间人：在这类攻击中，攻击者可能攻占一个 SOAP 中介，然后在 Web 服务请求者和最终接收者之间拦截消息。原来的参与方认为他们正在互相通信。攻击者可能仅仅访问消息，也有可能修改它们。称为路由绕道(Routing Detours)的威胁也包含"中间人"攻击形式，攻占路由信息。为了将敏感的消息传到外部位置,可修改路由信息(不管是在 HTTP头部或是在 WS-Routing 头部)。可以从消息中删除路由的跟踪，因此接收的应用将无法意识到发生了路由绕道。互相认证技术可用于减轻这种攻击的威胁。

(4)拒绝服务攻击：这种攻击使得合法用户无法访问目标系统。大量的明文消息或者具有大量加密元素或签名元素的消息可能耗占大量的系统资源，从而影响服务等级。这种攻击会导致系统的严重破坏。

上述问题说明了对于开放性的、松耦合的系统安全性问题，需要一个强大而复杂方法来支持。为了确保 Web 服务的安全性，Web 服务需要一个强大的、灵活的安全性基础架构。利用 SSL/TLS 提供的传输机制可以开发安全性基础架构，并可在其上扩展高级应用层安全性机制，从而提供一整套全面的 Web 服务安全性,用于解决消息层的各种安全性问题。

为了解决安全性挑战，包括 W3C、OASIS、自由联盟等在内的一些标准化组织已经提出了许多安全性标准，以便能够解决与认证、基于角色访问控制(RBAC)、消息传送和数据安全性等相关的问题。这些标准的目的就是加强 Web 服务的安全性。Web 服务基础的安全性标准称为 WS-Security。在 WS-Security 上下文中，可创建和使用许多标准，如 XML Encryption、XML Signature 和 SAML 等。

10.2.2　Web 服务安全性模型

在 Web 服务上下文中，不管应用是否采用自身的安全性基础架构和机制(如 PKI 或 Kerberos)，应用都必须能够进行互操作。为达到这样的目的，Web 服务规范中定义了一个抽象的安全性模型和体系结构，如图 10.3 所示。

在图 10.3 中，Web 服务安全性模型中包含三方：请求者、Web 服务和安全性令牌服务。在 Web 服务安全性模型中，可将不同的安全性技术抽象成互操作的格式，这些格式定义了通用的策略模型。这些安全技术可模块化为下列构建块：策略、策略断言、断言和安全性令牌。对于流入的 SOAP 消息，(安全性)策略确定了安全性机制。对于流出的 SOAP消息，(安全性)策略确定了需要添加到消息中的增强安全性的方式。安全性策略断言指定了各个 Web 服务的安全性需求。安全性策略断言包括所支持的加密和数字签名算法、保密属性，以及如何将该信息应用到 Web 服务。断言是一个关于主体(人、应用或业务实体)的声明。声明既可以直接关于主体，也可以是关于通过特性(如授权的身份标识)与主体关联的依赖方。断言是安全性令牌表达的声明。例如，可以使用一个断言来宣称发送者的身份标识或授权角色。

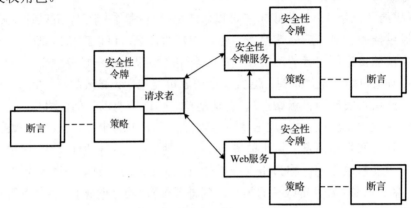

图 10.3 安全性模型和体系结构

在图 10.3 中，一个实体将要依赖第二个实体执行一组操作或生成关于一组主体或作用域的许多断言。信任关系既可以是直接关系，也可以是基于代理的间接关系。当依赖方承认请求者发送的令牌中的全部断言(或子集)为真时，即直接信任。在代理信任的情况下，使用"信任代理"(第二方)读取 WS-Policy 信息，并向一个安全令牌发出者申请合适的安全令牌，即第三方担保。信任关系基于安全性代理的交换、中介以及信任策略的基础之上，信任策略是由相应的安全性机构建立的。使用 WS-Security 可传送所需的安全性令牌。安全性令牌利用 XML 签名和 XML 加密，确保消息的完整性和机密性。

10.2.3 WS-Security

WS-Security 提供了在Web 服务上应用安全的方法进行网络传输的规范，是一个 OASIS 安全性标准规范。2004 年 4 月 19 日，OASIS组织发布了 WS-Security 标准的 1.0 版本。2006 年 2 月 17 日，发布了 1.1 版本。

该规范提出了一个用于构建安全的 Web 服务的 SOAP 扩展准集，可将安全性令牌作为消息的一部分发送，并实现了消息内容的完整性和机密性。

WS-Security 通过利用现有标准和规范来实现安全性，这样就不必在 WS-Security 中定义一个完整的安全性解决方案。业界已经解决了许多此类问题。例如，Kerberos 和 X.509 用于身份验证；X.509 使用现有的 PKI 进行密钥管理；XML 加密和 XML 签名描述了 XML 消息内容的加密和签名方法；XML 标准描述了为签名和加密而准备 XML 的方法。WS-Security 在现有规范中添加了一个架构，用于将这些机制嵌入到 SOAP 消息中，这是以一种与传输无关的方式完成的。

WS-Security 定义了一个用于携带安全性相关数据的 SOAP 头部元素。如果使用 XML 签名，此头部可以包含由 XML 签名定义的信息，包括消息的签名方法、使用的密钥及得出的签名值。同样，如果消息中的某个元素被加密，则 WS-Security 头部中还可以包含加密信息(如由 XML 加密定义的加密信息)。WS-Security 并不指定签名或加密的格式,而是指定如何在 SOAP 消息中嵌入由其他规范定义的安全性信息。WS-Security 主要是一个用于基于 XML 的安全性元数据容器的规范。

除了利用其他现有的消息身份验证、完整性和加密外,WS-Security 还提供了其他一些功能。它指定了一个通过 UsernameToken 元素传输简单用户凭据的机制。此外,为了发送用于加密或签名消息的二进制令牌,还定义了一个 BinarySecurityToken。在此头部中,消息可以存储关于调用方、消息的签名方法和加密方法的信息。WS-Security 将所有安全信息保存在消息的 SOAP 部分中,从而为 Web 服务安全性提供端到端的解决方案。

本节主要介绍如何使用 WS-Security 和其他配合工具在 SOAP 消息中嵌入安全机制。主要涉及三个方面:身份验证、签名和加密。

WS-Security 试图将大量有关身份验证和授权的概念引入到 SOAP 消息领域。要使 SOAP 消息具有实用价值,消息中必须包含能够完成以下任务的信息:

(1)标识消息涉及的一个或多个实体;

(2)证明实体具有正确的组成员身份;

(3)证明实体具有正确的访问权限集;

(4)证明消息未被更改过。

最后,还需要一种机制,使信息对于未获授权者保密。在日常的个人身份验证中,用户使用自己的驾驶执照或护照证明自己的身份;通过会员卡证明自己拥有某些权利;使用钱包中的信用卡,可以购买商品和服务,从图书馆借书,向保险商出示医疗费用单据,在本地的百货商店享受优惠。WS-Security 允许对 SOAP 消息应用同样的概念。通过使用安全性令牌来标识调用方并声明它的权限,消息包含以下信息:

调用方标识:我是用户 Joe。

组成员身份:我是 ColdRooster.com 的开发人员。

权限声明:因为我是 ColdRooster.com 的开发人员,所以我可以创建数据库并向 ColdRooster.com 的计算机添加 Web 应用程序。

要创建一条消息,使其能够在使用了身份验证技术(如 Kerberos)的 ColdRooster.com 服务器上创建新的数据库,应用程序必须获取一些安全性令牌。首先,创建此消息的应用程序需要获取一个安全性令牌,以证明该应用程序是在代表用户 Joe 执行操作。用户 Joe 在通过用户名/密码登录或使用智能卡登录时提供此令牌。假设系统的安全结构使用 Kerberos,并假设 Joe 使用的环境具有一个密钥发行中心,用于在 Joe 登录时授予其 Ticket Granting Ticket (TGT)。当 Joe 决定在 ColdRooster.com 上创建新数据库时,此环境转到 Ticket Granting Service,请求一个表明 Joe 有权在 ColdRooster.com 上创建新数据库的 Service Ticket。环境在获取 Service Ticket (ST)后,将其提供给 ColdRooster.com 的数据库服务器。数据库服务器验证票据的有效性,然后允许 Joe 创建新的进程。

WS-Security 试图将上述安全性交互过程封装到 SOAP 头部集中。WS-Security 通过两种方法对凭据处理进行管理。如果 Web 服务使用自定义身份验证,则它定义一个专门元素 UsernameToken,用于传递用户名和密码。WS-Security 还提供了一个用于二进制身份验证令牌(如 Kerberos 票据和 X.509 证书)的元素,即 BinarySecurityToken。

WS-Security 规范定义了新的 SOAP 头部。为了解 WS-Security SOAP 头部包含的内容，首先看一看该元素的架构片断。

```
<xs:element name="Security">
  <xs:complexType>
    <xs:sequence>
    <xs:any processContents="lax" minOccurs="0" maxOccurs="unbounded">
    </xs:any>
    </xs:sequence>
    <xs:anyAttribute processContents="lax"/>
  </xs:complexType>
</xs:element>
```

如上所示，Security 头部元素允许在其中包含任何 XML 元素或属性。这使得头部能够适应应用程序所需的任何安全机制。头部和正文都可以包含 XML 元素集合。除了不能包含 XML 处理指令外，SOAP 规范对这些元素的内容几乎未加声明。

根据头部必须提供的功能，WS-Security 需要这种结构类型。它必须能够携带多个安全性令牌以标识调用方的权限和身份。如果消息已经过签名，头部必须包含关于消息的签名方式和密钥信息存储位置的信息。密钥可能包含在消息中或存储在其他地方，并且仅供引用。最后，关于加密的信息也必须能够包含在此头部中。

那么，中间方如何知道它所拥有的 WS-Security 呢？一个 SOAP 消息可能包含多个 WS-Security 头部。每个头部都由唯一的 actor 标识。两个 WS-Security 头部不能使用相同的 actor 或省略 actor。这使得中间方很容易识别哪个 WS-Security 头部包含它们所需的信息。当然，中间方确实需要知道它所处理的 actor URI。要将 URI 与 actor 关联在一起，并确保中间方知道要执行的操作，必须通过编程来实现。任何 SOAP 头部中的 actor 属性都表明"此头部适用于在 actor URI 指示的范围内作用的任何端点"。URI 的含义是由构造 Web 服务的工作组提供的。这意味着中间方可以在各种范围内进行操作。此中间方可能不使用或使用一个或多个头部。确实如此，它甚至会使用多个安全性头部。

WS-Security 允许 SOAP 消息标识调用方、签名消息并加密消息内容。它尽可能使用了现有规范，以减少为安全传递 SOAP 消息所需的开发工作量。由于所有信息都在消息中传递，因此消息与传输方式无关，通过 HTTP、电子邮件或在 CD-ROM 上都可以进行安全的消息传递。

10.2.4　Web 服务平台安全性体系结构

Web 服务的安全范围包括客户、服务器、网络传输层、消息层和应用层。这里，Web 服务安全从两方面实现：传输级安全和消息级安全。传输级安全基于现在广泛应用的安全技术 IPSec 和 SSL，提供服务请求者浏览器与服务器之间的安全连接和数据传输；消息级安全基于 SOAP 安全模块。Web 服务安全体系结构如图 10.4 所示。

具体实现过程如下：

（1）Web 服务发现安全。UDDI 服务注册表支持将用户名和密码作为认证。服务请求者只要通过 HTTPS 和本地访问控制策略，就可以保护访问数据的机密性和完整性。并绑定自身需要的服务提供者。

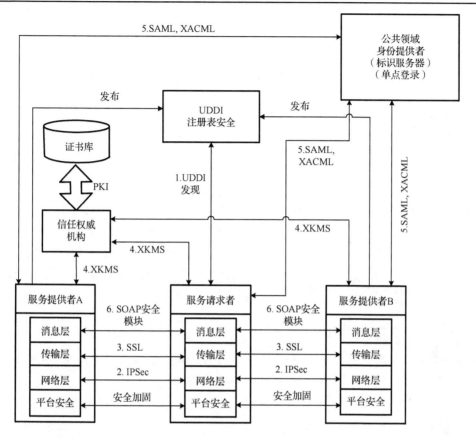

图 10.4 Web 服务安全体系结构

（2）网络层安全。使用 IPSec 来保护客户机和服务器之间的互联网连接。在 IP 层上提供数据源地验证、数据机密性、抗重播和有限业务流机密性等安全服务。

（3）传输层安全。HTTPS 确保客户浏览器和服务器之间的安全通信，可实现双方的相互认证、消息加密和验证完整性。

（4）XKMS 服务器提供密钥注册、定位、验证等服务，用于处理和管理基于 PKI 的加密签名密钥，客户的密钥可以通过 XKMS 从信任权威机构中找到；并且通过这些服务，向服务请求者和服务提供者屏蔽了使用 PKI 的复杂性，保证请求者和提供者之间相互认证，建立彼此的信任关系。

（5）系统中 SAML 安全断言提供了对特定实体的授权、身份验证和属性信息，这些授权决策都基于可配置的规则，系统使用扩展访问控制标记语言（XACML）依据条件创建规则，利用这些与服务请求者标识相关联的安全信息，如分类级别、权利、权限角色，来制定相应的访问控制决策。并且标示提供者使得服务请求者能够使用 SAML、XACML 协议来进行单点登录，这样，服务请求者在使用另一服务时就不需要再次登录。

（6）当服务请求者调用 Web 服务时，服务请求者使用来自于 XKMS 的公钥和私钥对 SOAP 消息进行加密（XML 加密）和签名（XML 签名），来保证 SOAP 消息的通信安全（具体参照第 7 章节的 SOAP 安全模块）。

10.2.5　Web 服务安全性应用

Web 服务的应用目前已经包含很多的方面，如在线购物、在线支付等，使用 Web 服务的同时保证 Web 服务安全性，可以使用三个级别的 Web 服务安全性方法：平台/传输级（点对点）安全性、应用程序级（自定义）安全性、消息级（端对端）安全性。

每一种方法都具有各自的优缺点，下面将详细阐述这些方法。选择哪一种方法在很大程度上取决于消息交换中涉及的体系结构和平台特点。

1. 平台/传输级（点对点）安全性

两个终节点（Web 服务客户端和 Web 服务）之间的传输通道可用于提供点对点的安全性。图 10.5 阐释了这种情况。

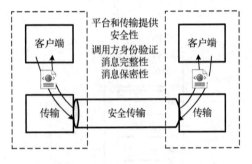

图 10.5　平台/传输级安全性

当使用传输级安全性时（它假定在公司 Intranet 上安装了紧密集成的 Microsoft_ Windows 操作系统环境）：

(1) Web 服务器（IIS）提供基本、摘集成和证书身份验证；

(2) ASP.NET Web 服务继承了某些 ASP.NET 身份验证和授权功能；

(3) 可以使用 SSL 和 TLS 或 IPSec 提供消息完整性和机密性。

传输级安全性模型简单明了，并且可用于许多（主要是基于 Intranet 的）方案；在这些方案中，可以严格控制传输机制和终节点配置。

传输级安全性的主要问题有：

(1) 安全性取决于基本平台、传输机制和安全服务提供程序（NTLM、Kerberos 等）并且与它们紧密集成。

(2) 安全性是在点对点的基础上应用的，无法通过中间应用程序节点提供多个跃点和路由。

2. 应用程序级（自定义）安全性

通过使用这种方法，应用程序负责提供安全性并使用自定义的安全功能。例如：

应用程序可以使用自定义的 SOAP 头部传递用户凭证，以便根据每个 Web 服务请求对用户进行身份验证。常用的方法是在 SOAP 头部中传递票证（或用户名或许可证）。

应用程序可以灵活地生成其包含角色的 Principal 对象，该对象可以是自定义类或.NET 提供的 GenericPrincipal 类。

应用程序可以有选择地加密需要保密的内容，但是这需要使用安全密钥存储，并且开发人员必须了解相关加密 API 的知识。

另一种方法是使用 SSL 提供机密性和完整性，并将它与自定义的 SOAP 头部结合起来以执行身份验证。

在下面的情况使用此方法：

(1) 想要利用现有应用程序中使用的用户和角色的现有数据库架构。

(2) 想要加密消息的一部分，而不是整个数据流。

3. 消息级(端对端)安全性

这是一种灵活性最大而且功能最强的方法，GXA 提案(特别是在 WS-Security 规范中使用的就是这种方法。图 10.6 阐释了消息级安全性。

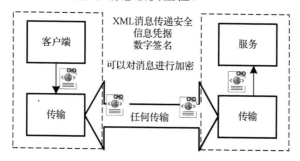

图 10.6　消息级安全性

WS-Security 规范说明了 SOAP 消息传递的增强功能，这些功能提供了消息完整性、消息机密性及单次消息身份验证。

身份验证是由在 SOAP 头部中传递的安全性令牌提供的。WS-Security 不要求使用任何特定类型的令牌。安全令牌可以包括 Kerberos 票证、X.509 证书或自定义的二进制令牌。

安全通信是通过数字签名提供的，以便确保消息的完整性，并使用 XML 加密以确保消息的机密性。

可以使用 WS-Security 构建框架以便在异类 Web 服务环境中交换安全消息。它非常适合于不能直接控制终节点和中间应用程序节点配置的异类环境和方案。

使用消息级安全性方法的优点：

(1) 可以不依赖于基本传输；

(2) 支持异类安全性体系结构；

(3) 提供端对端的安全性并通过中间应用程序节点提供消息路由；

(4) 支持多项加密技术；

(5) 支持不可否认性。

10.3　本 章 小 结

本章重点介绍了 XML 和 Web 服务安全，给出了具体的 XML 安全性标准，并进行了简要的介绍；概述了 Web 服务安全问题和安全性模型以及在工业中的使用情况。

基于 Web 服务安全性模型，可以对规范进行混合和匹配，从而使得实现者可以仅部署所需要的部分。在这些规范中，对于 Web 服务消息的完整性和机密性，WS-Security 提供了所需的基本元素。WS-Security 还提供了将安全性令牌(如数字证书或 Kerberos 票据)关联到 SOAP 消息的方法。WS-Security 构成了 Web 服务安全性模型的基础。

WS-Security 利用了 Web 服务模型固有的可扩展性。可扩展性是 Web 服务模型的核心。可扩展性建立在一些基础技术之上，如 SOAP、WSDL、XML 数字签名、XML 加密和 SSL/TLS 等。这使得 Web 服务提供者和 Web 服务请求者可以开发一个满足他们的安全性需求的解决方案。

第 3 部分　语义 Web 及知识管理

第11章 资源描述框架 RDF

目前的 Web 模型主要支持对文本内容的浏览和搜索。XML 模型可用于数据的表示和交换，但缺乏描述语义信息的能力，语义网需要新的模型以支持对 Web 信息源、服务和智能应用的统一访问，并用标准机制去交换数据和处理不同的数据语义。而 RDF 是一个描述网络资源对象和其间关系的数据模型，拥有简单的语义，而且可以通过 XML 编码。RDF Schema 是一个用来描述 RDF 资源的属性和类型的词汇集描述语言，并提供了关于这些属性和类型的语义。

11.1　RDF　简　介

11.1.1　RDF 的含义

RDF（Resource Description Framework，资源描述框架），是 W3C 于 1999 年颁布的一组标记语言的技术标准，用于表达关于万维网（World Wide Web）上的资源信息。它专门用于表达关于 Web 资源的元数据，如 Web 页面的标题、作者和修改时间，Web 文档的版权和许可信息，某个被共享资源的可用计划表等。随着将"Web 资源"这一概念一般化，RDF 可被用于表达任何可在 Web 上被标识的事物信息，即使有时它们不能被直接从 Web 上获取。例如，表达关于一个在线购物机构的某项产品的信息（规格、价格和可用性），或者是关于一个 Web 用户在信息递送方面的偏好描述。RDF 的目标是建立一个供多种元数据标准共享的框架，充分利用各种元数据的优势，并能够进行基于 Web 的数据交换和再利用。

（1）资源：RDF 可处理的 Web 资源包括一切在 Web 上被命名、具有 URI 引用的东西。资源可以是整个网页（如 HTML 文档 http://www.w3.org/TR/rdf-primer）、网页的一部分（如 HTML 或 XML 文档的一个特定元素）、一群网页的集合（如一个网站）等。

（2）描述：对资源本身的属性和资源之间关系的一个声明。

（3）框架：与被描述资源及其领域无关的通用模型。RDF 定义了一种机制来描述非特定领域的资源，而不定义任何特定领域的语义。因此 RDF 机制和领域无关，可以用来描述任何领域的信息。

为实现该目的，RDF 用形如"主体-谓词-客体"的三元组来描述 Web 上的各种资源和它们之间的关系，并提供一种基本的结构在 Web 上对这些元数据进行编码、交换和重用。

RDF 需要以下两个工具的支持：

（1）URI（Uniform Resource Identifier，统一资源标识符）：用来区分和标识一个声明中的主体、谓词和客体的机器可处理的标识符系统。

（2）XML：用于表示以这些声明并使这些声明可在机器间交流的机器可处理语言。

11.1.2　RDF 的设计目的

RDF 的发展被如下的应用需求所驱动：

(1)Web 元数据。RDF 提供了关于 Web 资源和使用 Web 资源的系统信息，包括内容分级、性能描述、个人偏好等。

(2)需要开放而非封闭的信息模型的应用。例如，调度行为、组织过程描述、Web 资源描述等。

(3)机器可处理的信息。允许数据在创建它的特定环境以外用一种能扩展到互联网的方式被处理。

(4)应用之间的互操作。合并来自多个应用的数据构成新的信息。

(5)软件 Agent 对 Web 信息的自动化处理。Web 由易于人类阅读的信息网络转变为一个世界范围的协同程序网络，RDF 为这些程序提供了一种世界范围的通用语言。

RDF 的设计目的是以最低限度的约束灵活地描述信息。它可以独立的应用，其中单独设计的数据格式更为直观和易于理解。RDF 的通用性使得 RDF 数据共享能提供更大的价值：当 RDF 信息被整个 Internet 中越来越多的应用程序接受时，信息也在不断地增值。因此，RDF 的设计试图达到以下目标：

(1)有一种便于应用程序处理和操作的简单数据模型，这个模型应独立于任何特定的序列化语法。RDF 采用了基于三元组声明的图模型。

(2)有形式语义并提供推理功能，为 RDF 数据含义的推理提供可靠的逻辑基础。特别需要提供严格定义的蕴涵概念，为定义可靠的推理规则奠定基础。

(3)使用一个基于 URI 的可扩展词汇集。URI 引用在 RDF 中被用来命名所有类别的事物。

(4)使用一种基于 XML 的序列化语法编码。RDF 数据用于不同应用间的信息交换。为此 W3C 提出了 RDF/XML 语法。

(5)支持 XML Schema 数据类型的使用，有助于在 RDF 和其他 XML 应用程序中信息的交换。

(6)允许任何人发表关于任何资源的声明。RDF 是一种允许任何人发表关于任何资源声明的开放框架，一般来说，它不假定关于一个资源的所有信息都是有用的，也不阻止任何人发表那些毫无意义甚至有悖于其他声明的声明。因此，使用 RDF 的应用程序应该能够容忍不完全或是不一致的信息。

11.1.3　RDF 规则

RDF 用 Web 标识符来标识事物，用简单的属性(property)及属性值来描述资源，这使得 RDF 可以将一个或多个关于资源的声明表示为一个由节点和弧组成的图，其中的节点和弧代表资源、属性或属性值。以下是对属性和属性值的解释：

(1)属性是一类特殊的资源，描述了资源之间的关系，如"author"或"homepage"。

(2)属性值是某个属性的值，如"Jack"或"http://www.w3school.com.cn"，而且属性值也可以是另外一个资源。

例如，下面的 RDF 文档可描述资源"http://www.w3school.com.cn/rdf"：

```
<?xml version="1.0"?>
<RDF>
    <Description about="http://www.w3school.com.cn/RDF">
        <author>Jack</author>
        <homepage>http://www.w3school.com.cn</homepage>
    </Description>
</RDF>
```

RDF 基于这一思想：被描述的事物具有一些属性，而这些属性各有其值；对资源的描述可以通过对它做出指定上述属性及属性值的声明来进行。RDF 用一套特定的术语来表达声明中的各个部分。确切地说，关于事物的声明中用于识别事物的部分称为主体，用于区分声明对象主语的各个不同属性(如作者、创建日期、语种等)的部分称为谓词，用于区分各个属性值的部分称为客体。也就是说，资源、属性和属性值的组合可形成一个声明，分别被称为声明的主体、谓词和客体。例如：

声明 1："The author of http://www.w3school.com.cn/rdf is Jack"

声明的主体：http://www.w3school.com.cn/rdf

谓词：author

客体：Jack

声明 2："The homepage of http://www.w3school.com.cn/rdf is http://www.w3school.com.cn"

声明的主体：http://www.w3school.com.cn/rdf

谓词：homepage

客体：http://www.w3school.com.cn

11.1.4　RDF 与 XML

RDF 和 XML 最本质的区别在于它们的语义表达方式。XML 语义全部隐含在文档的标记与结构之中，不能表达机器可理解的语义。RDF 则是一种万维网上的知识表示语言，是谓词逻辑的一个特殊形式，它具有形式化的模型论语义，机器可以据此理解它所表达的语义信息。所以，RDF 是一个完备的形式化系统。

XML 和 RDF 的目标不同。XML 的目的在于提供一个易用的语法对计算机交换的一切数据进行编码，并用 XML Schema 来表示数据的结构。这使得 XML 成为语义网络的一种基础语言，很多应用包括 RDF 使用 XML 作为实现的语法，但 XML 并没有提供任何关于数据的解释。而 RDF 是一个描述元数据的模型，并给出了数据的一些解释。RDF Schema 扩展了这个功能。在语义表达和交换上比 XML 更有优势，它使用的"对象-属性"结构提供了固有的语义单元，领域模型可以在 RDF 中自然地表达。由于 RDF 的通用性，软件组件可以通过使用 RDF 交换信息来提高潜在的可重用性。

RDF 和 XML 是互相补充的：XML 描述了数据的结构，依赖 RDF 来提供数据的语义；RDF 是一个元数据的模型，依赖 XML 来编码和传输这种元数据。

XML语法对RDF而言只是一种可选的语法，RDF可以选择其他的替代语法来表示RDF

模型。即使现在的 XML 语法改变或者消失，RDF 模型仍然可以使用，因为 RDF 模型是独立于 XML 语法的。

11.2　RDF　模　型

11.2.1　RDF 资源和词汇集

RDF 使用 URI 引用表示资源，通常使用名称空间和 XML 限定名来简写完整的 URI。一个 RDF 图的 URI 引用是一个满足下列条件的 Unicode 字符串：①不包含任何控制字符；②将生成一个有效的 URI 字符序列。一般 RDF 称一个 URI 引用的集合为词汇集，一个词汇集中的 URI 引用通常使用公用的 URI 前缀。RDF 本身的预定义 URI 引用都是以"http://www.w3.org/1999/02/22-rdf-syntax-ns#"开头的 URI 引用，称为 rdf 词汇集，通常定义 rdf 名称空间作为它们的限定名前缀，此外常见的词汇集还有 dc 词汇集(都柏林核心词汇集)、rdfs 词汇集(RDF Schema 的核心词汇集)等，这仅仅是一种约定。RDF 不关心 URI 引用的结构，只认可完整的 URI 引用，不能因为 URI 引用有一个公用的前缀而认定它们之间有关系，也不能因为有不同的前缀就说不属于一个词汇集。

有时会用词汇集的名称空间对应的 URL 来提供关于该词汇集的信息。例如，dc 词汇集和名称空间"http://purl.org/dc/elements/1.1"关联。通过浏览器访问这个名称空间对应的 URL 就能获得关于该词汇集的一些信息。这也是一种约定，RDF 不会认为每个命名空间都能确定一个可获取的信息。

RDF 通过综合多个不同的 RDF 文档提供对同一个事物的多项数据，它相对于 XML 数据的一个最大优势就是容易聚合。RDF 用 URI 引用标识资源，RDF 声明的主体、客体都可以是 URI 引用，由于 RDF 数据模型又是基于图的，因此很容易通过 URI 引用把 RDF 数据合并。而 XML 数据是很难聚合的，根本原因是 XML 中的数据没有要求采用 URI 引用作为标识符，以及 XML 的树状模型不如 RDF 的图模型灵活。

11.2.2　RDF 图

RDF 可以将一个或多个关于资源的简单声明表示为一个由节点和弧组成的图(graph)，其中的节点和弧代表资源、属性或属性值。在 RDF 图中一个声明可表示：一个表示主体的节点、一个表示客体的节点以及一个由主体节点指向客体节点的表示谓词的弧。有时直接讨论 RDF 图不太方便，因此也会用到一个替代的书写声明的方法，称为三元组。在三元组表示法中，图中的每个声明都可以写成一个依次为主体、谓词、客体的三元组。

例如，对于如下的声明：Jack 电子邮件地址是 Jack_email@nuaa.edu.cn。这句话可以用一个 RDF 三元组表示为：

```
ex:person1001  ex:email  Jack_mail@nuaa.edu.cn
```

其中，ex:person1001 用来表示 Jack 这个人的 URI 引用，ex 是本书例子假设的一个名称空间前缀。这样的一个三元组可以用 RDF 图表示，如图 11.1 所示。

图 11.1　一个三元组的 RDF 图

RDF 图可以表示多个三元组，下面看一个复杂点的例子。有 index.html 和 hello.html 两个网页，它们的创建者是 name 为 Jack、email 为 Jack_email@nuaa.edu.cn 的人。这句话可以表示为四个 RDF三元组：

```
ex:index.html      dc:creator      ex:person1001
ex:hello.html      dc:creator      ex:person1001
ex:person1001      ex:name         "Jack"
ex:person1001      ex:email        "Jack_email@nuaa.edu.cn"
```

其中，dc:creator 是前面介绍的都柏林核心词汇集定义的作者属性。同样的声明可由 RDF 图表示，如图 11.2 所示。

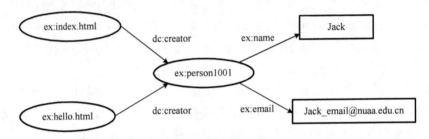

图 11.2　包含多个三元组的 RDF 图

三元组中的四个"ex:person1001"是相同的 URI 引用，被合并为一个节点。这体现了 RDF 数据聚合的优势：即使这些声明是由不同的人在不同的地方做出，也可以聚合到一起提供完整的信息。

11.2.3　结构化特性与空节点

通常一幅 RDF 图中可能有大量的中间 URI 引用，而它们可能从来不会被从 RDF 图的外部引用，因此并不需要使用通用的 URI 引用来标识，可以用一种更直观的方法来表示该例子。

图 11.3 中使用的空节点虽然没有 URI 引用，但因为它本身提供了图中各个部分之间必需的联通作用，表达了它应该表达的含义。空节点也被称为匿名资源。在用三元组表示时，还是需要一个能清楚表示空节点的标识符，通常使用"_:"开头来表示：

```
ex:index.html      dc:creator      _:personJack
ex:hello.html      dc:creator      _:personJack
_:personJack       ex:name         "Jack"
_:personJack       ex:email        "Jack_email@nuaa.edu.cn"
```

图 11.4 是一个标准的 RDF 图，相应的三元组可以写成如下的形式：

```
exstaff:85740      exterms:address      _:johnaddress
```

:johnaddress	exterms:street	"1501 Grant Avenue"
:johnaddress	exterms:city	"Bedford"
:johnaddress	exterms:state	"Massachusetts"
:johnaddress	exterms:postalCode	"01730"

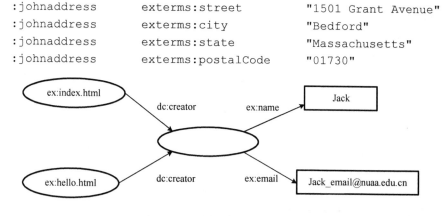

图 11.3　带空节点的 RDF 图

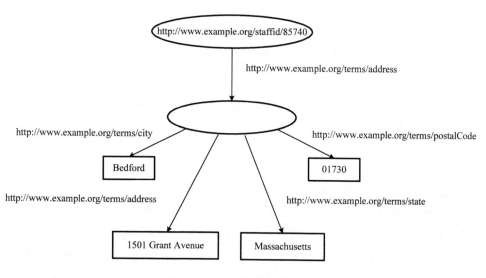

图 11.4　一个标准的 RDF 图

在表示一幅图的三元组中,图中每个不同的空节点都被赋予一个不同的空节点标识符。与 URI 引用和文字不一样,空节点标识符并不被认为是 RDF 图的一个实际组成部分。空节点标识符仅仅是在把 RDF 图表示成三元组形式的时候,用来表示图中的空节点。空节点标识符只是在用三元组表示单一的图时才有意义。如果希望图中的一个节点需要从图的外部来引用,那么就应该赋予一个 URI 引用来标识它。最后,因为空节点标识符表示的是(空)节点而非弧,所以在一个图的三元组表达式中:空节点标识符只能出现在三元组主体和客体的位置上,不能出现在谓词的位置上。

11.3　RDF/XML 语法

RDF 提供了一种被称为 RDF/XML 的 XML 语法来书写和交换 RDF 图。与 RDF 的简略记法——三元组不同,RDF/XML 是书写 RDF 的规范性语法。

11.3.1　基本语法

以下是一个基本语法的例子：

例 11.1

```
<?xml version="1.0"?>
<rdf:RDF xmlns:rdf="http://www.w3.org/"
         xmlns:dc="http://purl.org/dc/elements/1.1"
         xmlns:ex="http://www.example.org/">
    <rdf:Description rdf:about="http://www.example.org/index.html">
        <dc:creator rdf:nodeID="Jack"/>
    </rdf:Description>
    <rdf:Description rdf:about="http://www.example.org/hello.html">
        <dc:creator rdf:nodeID="Jack"/>
    </rdf:Description>
    <rdf:Description rdf:nodeID="Jack">
        <ex:name>Jack</ex:name>
    </rdf:Description>
    <rdf:Description rdf:nodeID="Jack">
        <ex:email>Jack_email@nuaa.edu.cn</ex:email>
    </rdf:Description>
</rdf:RDF>
```

RDF/XML 基本语法的一些特征：

(1) 所有 RDF 语句必须在一个 rdf:RDF 元素中。

(2) 每个 RDF 声明用一个 rdf:Description 元素表示，其中用 rdf:about 属性的值指明声明主体的 URI 引用。

(3) 声明的谓词作为 ref:Description 的子元素出现，而客体即是该子元素的属性或内容。

(4) rdf:nodeID 属性是专门用来表示空节点的，空节点被指定空白节点标识符（如例中的"Jack"）后可以作为主体或客体使用。

11.3.2　简写语法

RDF/XML 简写语法可以节省空间并提高可读性。下面是一个简写语法的例子：

例 11.2

```
<rdf:Description rdf:about="http://www.example.org/index.html">
    <dc:creator>
        <rdf:Description rdf:nodeID="Tom">
            <ex:name>Jack</ex:name>
            <ex:email>Jack_email@nuaa.edu.cn</ex:email>
        </rdf:Description>
    </dc:creator>
</rdf:Description>
```

以上语句虽然只用了一个 rdf:Description 元素，但实际上包含了三个声明，说明了 index.html 作者的名字和电子邮件，这种简写规则是直观的。

（1）同一主体的多个声明可合并为一个 rdf:Description 元素，多个谓词转化为该元素的多个子元素，客体则成为对应谓词元素的属性或内容。

（2）如果一个声明的主体是另一个声明的客体，则前者可以嵌套至后者的客体位置（删去对应谓词的元素的 rdf:resource 属性或 rdf:nodeID 属性，并添加前者的 rdf:Description 元素为其子元素）。

（3）如果空节点的 rdf:Description 元素被嵌套，且再没有其他地方会用到该空节点，则其对应的 rdf:Description 元素标记可以删除（如上面代码中的删除线部分），但是需要为特定元素添加属性 ref:parseType="Resource" 表示特性值是一个空节点（如上面代码的 <dc:creator>）。

一个 RDF 图可以书写为 RDF/XML：

（1）为所有空白节点指定空白节点标识符。

（2）对每个三元组取其主体对应节点，生成一个 rdf:Description 元素。若该节点有 URI 引用，则 rdf:Description 元素使用 rdf:about 属性，取其为 URI 引用；若该节点是空节点，则 rdf:Description 元素使用 rdf:nodeID 属性，取其为空节点标识符。

（3）创建一个谓词 URI 引用的子元素。如果客体是文字，则该子元素内容为客体；如果是一个 URI 引用，则指定其 rdf:resource 属性为该引用；如果是一个空节点，则指定其 rdf:about 属性值为该空节点标识符。

11.3.3　容器

容器是包含一些事物的资源，这些被包含的事物称为成员。容器的成员可以是资源或文字。

RDF 定义了三种容器来表示一组资源或文字：包、序列和替换。为了表示一个资源是一个容器，它必须有特性 rdf:type 且值为 rdf:Bag、rdf:Seq 或 rdf:Alt，这个容器资源代表视为整体的一组事物。

（1）rdf:Bag 元素：用于描述一个规定为无序的值的列表，可包含重复的值。

例 11.3

```xml
<?xml version="1.0"?>
<rdf:RDF>
    <rdf:Description rdf:about="http://www.myclass.edu/course/1.001">
        <s:students>
            <rdf:Bag>
                <rdf:li>John</rdf:li>
                <rdf:li>Paul</rdf:li>
                <rdf:li>George</rdf:li>
                <rdf:li>Ringo</rdf:li>
            </rdf:Bag>
        </s:students>
    </rdf:Description>
</rdf:RDF>
```

(2)<rdf:Seq>元素：用于描述一个规定为有序的值的列表（如一个字母顺序的排序）。

例 11.4

```xml
<?xml version="1.0"?>
<rdf:RDF>
    <rdf:Description rdf:about=" http://www.myclass.edu/course/1.001">
        <s:students>
            <rdf:Seq>
                <rdf:li>George</rdf:li>
                <rdf:li>John</rdf:li>
                <rdf:li>Paul</rdf:li>
                <rdf:li>Ringo</rdf:li>
            </rdf:Seq>
        </s:students>
    </rdf:Description>
</rdf:RDF>
```

(3)<rdf:Alt>元素：用于一个可替换的值的列表（用户仅可选择这些值的其中之一）。

例 11.5

```xml
<?xml version="1.0"?>
<rdf:RDF>
    <rdf:Description rdf:about="http://www.recshop.fake/cd/Beatles">
        <cd:format>
            <rdf:Alt>
                <rdf:li>CD</rdf:li>
                <rdf:li>Record</rdf:li>
                <rdf:li>Tape</rdf:li>
            </rdf:Alt>
        </cd:format>
    </rdf:Description>
</rdf:RDF>
```

　　RDF 并没有为容器提供特定的意义，甚至没有对 RDF 容器词汇的使用施加格式正确性约束。用户也可以不用 RDF 容器，随意选择自己的方式表达一组资源。但 RDF 容器提供一种通用的方式，可以使描述一组资源的数据具有更好的互操作性。

11.3.4　集合

　　RDF 容器的一个缺点是无法说明目前指定的成员是容器的所有成员，无法排除还有别处声明有更多成员的可能。RDF 集合通过链表的形式提供了描述一个封闭的资源集合的手段。

　　集合是通过属性 rdf:parseType="Collection"来描述的。

例 11.6

```xml
<?xml version="1.0"?>
<rdf:RDF>
    <rdf:Description rdf:about=" http://www.myclass.edu/course/1.001">
```

```
            <s:students rdf:parseType="Collection">
                <rdf:Descriptionrdf:about="
                    http://www.myclass.edu/course/George"/>
                <rdf:Descriptionrdf:about="
                    http://www.myclass.edu/course/John"/>
                <rdf:Descriptionrdf:about="
                    http://www.myclass.edu/course/Paul"/>
                <rdf:Descriptionrdf:about="
                    http://www.myclass.edu/course/Ringo"/>
            </s:students>
        </rdf:Description>
    </rdf:RDF>
```

11.3.5　声明具体化

有时候需要对一个声明做出描述，如说明这个声明的作者、时间、正确性等。RDF 中可以做出关于声明的声明。要引用一个声明，必须把它当作资源来对待。把一个声明和一个代表这个声明的特定资源联系起来的过程称为具体化。原始声明被具体化为一个新的资源，称为具体化声明。这个资源有四个特性：rdf:subject、rdf:predicate、rdf:object 和 rdf:type，分别描述声明的主体、谓词、客体和类型。其中主体、谓词和客体是确定一个声明的充要条件，具体化声明的类型固定为 rdf:Statement。

可以任意给定一个 URI 引用标识一个声明，然后用四个三元组分别给定它的主体、谓词、客体和类型。因此具体化声明也被称为"具体化四元组"。这样的具体化四元组直接编码为 RDF/XML 会显得太烦琐，RDF 支持在声明的谓词元素中用 rdf:ID 属性直接具体化一个声明。

例如：

```
    <rdf:Description rdf:about="http://www.example.org/people-1023">
        <ex:name rdf:ID="triple001">Jack</ex:name>
    </rdf:Description>
```

上例中的 rdf:ID 属性具体化了该声明，并赋予它 triple001 的标识。由此具体化声明就获得了一个 URI 引用，可以像一般资源那样的被其他声明使用。

更有效的方法是在声明主体元素中使用 rdf:bagID 属性，将该主体元素中包含的所有声明具体化，并合并为一个包。例如：

```
    <rdf:Description rdf:about="http://www.example.org/people-1001"
            rdf:bagID="D0001">
        <ex:name>Jack</ex:name>
        <ex:email>Jack_email@nuaa.edu.cn</ex:email>
    </rdf:Description>
```

将两个声明具体化并组成以"D0001"为标识符的包，rdf:bagID 指定的标识符生成包的 URI 引用的方法同 rdf:ID。然后可以用 rdf:aboutEach 来描述包中声明的共同特性。

11.4　RDF Schema

11.4.1　RDFS 简介

RDFS 即 RDF Schema，是用于定义元数据属性元素以描述资源的一种定义语言。RDF 使用命名属性和属性值来表达与资源有关的简单声明。在某些情况下，用户希望根据需要自定义一些词汇，然后用这些词汇来描述资源。然而 RDF 本身不能针对特定应用需求来定义一些类和属性(即 RDF 词汇)。因此，我们需要 RDFS 这样一个定义 RDF 词汇集的词汇集。

RDF 通过类、属性和属性值来描述资源。但 RDF 没有提供任何机制来说明类的特征、类与类之间的关系、属性之间的关系以及属性与类之间的关系。这些正是 RDF 词汇集描述语言 RDFS 要完成的任务。

RDFS 不会说明特定词汇的具体含义，只是提供了一个词汇定义的方式，还定义哪些属性可以应用到哪些类上(也就是后面提到的属性约束)。换句话说 RDFS 为 RDF 模型提供一个基本的类型系统，定义了用来描述类、属性和其他资源以及它们之间关系的资源和属性。RDFS 是 RDF 的一个扩展，其中的词汇描述都是用 RDF 写的。RDFS 由于预先定义了一些 RDFS 核心词汇来描述其他 RDF 资源，从而具有一些额外的描述能力。

11.4.2　类

RDFS 中的类基本等同于通常所说的类型或者分类，和面向对象语言中类的概念非常相似。RDF 类可以用来表示事物的任何分类，如动物、人、金属、数据库或者抽象概念等。类可以通过 RDFS 中的资源和属性来表示。

一般资源可以被分组，而这些组就叫做类。类的成员也称为类的实例。类本身也是资源。它们通过 IRI(Internationalized Resource Identifier 一种新的对 URI 模式进行扩展的互联网标准)来识别并且通过 RDF 属性来描述。rdf:type 属性就是用来声明一个资源是一个类的实例的。

RDF 区分一个类和它的实例的集合。一个类的实例的集合称之为类的外延。两个类有可能会有相同的外延但却是不同的类。例如，税务局可能将具有相同居住地址的人定义为一个类，而邮局可能将居住地址具有相同邮政编码的人定义为一个类，这两个类有可能具有完全相同的实例，但是属性却不同。只有其中一个具有税务局定义的属性，而只有另外一个具有邮局定义的属性。

一个类可能是自己外延中的成员。也就是说，类可能是自己的实例。rdfs:Class 所表示的资源就是 RDFS 类，rdfs:Class 就是 rdfs:Class 本身的实例。如果一个类 A 是类 B 的子类，那么就意味着所有类 A 的实例都是类 B 的实例。在 RDFS 中 rdfs:Class 属性就是用来表示一个类是另一个类的子类。

RDF 中也是有数据类型的，所有的 RDF 数据类型都是类。数据类型的实例都是属于该数据类型的值域空间。

11.4.3　RDF 属性

RDF 中属性也是资源，所有属性都是 rdf:Property 类的实例。rdf:Property 本身是 rdfs: Class 类的实例。根据前面的介绍我们知道，类可以划分为包含特殊用途的子类。对于 11.4.2 节所讲的 rdf:type 和 rdfs:subClassOf 属性同样适合用于描述属性与属性类之间的关系，以及属性类之间的子父类关系，和它们描述一般的资源和类时的含义和用法相同。

与类相似，属性之间也存在层次关系。在 RDFS 中用 rdfs:subPropertyOf 属性描述一种属性是另一种属性的子属性。如果一个属性 P1 是另一个属性 P2 的子属性，所有可以通过属性 P1 连接的资源对，同样可以用属性 P2 连接。

在 RDFS 中有很多预定义的属性，部分常见的预定义属性见表 11.1。

表 11.1　部分常见的预定义属性表

属性名	描　　述	定义域	值域
rdf:type	主体是某个类的实例	rdfs:Resource	rdfs:Class
rdfs:subClassOf	主体是某个类的子类	rdfs:Class	rdfs:Class
rdfs:subPropertyOf	主体是某个属性的子属性	rdf:Property	rdf:Property
rdfs:domain	主体属性的定义域	rdf:Property	rdfs:Class
rdfs:range	主体属性的值域	rdf:Property	rdfs:Class
rdfs:label	主体的一个人可读的名字	rdfs:Resource	rdfs:Literal
rdfs:comment	主体资源的一个描述	rdfs:Resource	rdfs:Literal
rdfs:member	主体资源的一个成员	rdfs:Resource	rdfs:Resource
rdfs:seeAlso	更多关于主体资源的信息	rdfs:Resource	rdfs:Resource
rdfs:isDefinedBy	主体资源的定义	rdfs:Resource	rdfs:Resource
rdf:subject	RDF 语句的主体	rdf:Statement	rdfs:Resource
rdf:predicate	RDF 语句的谓语	rdf:Statement	rdfs:Resource
rdf:object	RDF 语句的客体	rdf:Statement	rdfs:Resource

常见的 RDFS 类和属性以及它们之间的实例和子类关系在图 11.5。值得注意的是，图中并没有标出所有的关系，这是因为更多的关系可以通过一定的推理步骤得到。用于描述具体化声明的 rdf:subject、rdf:predicate、rdf:object 属性和描述结构化值的 rdf:value 属性在图中被省略了。

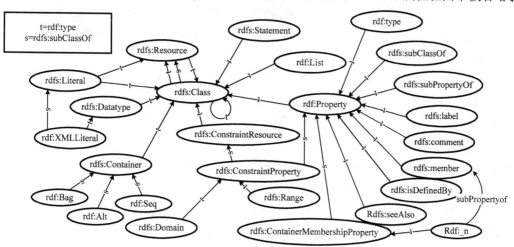

图 11.5　RDF 类与属性

11.4.4　属性约束

在创建词汇集时，除了需要描述类和属性，还需要描述类和属性之间的关系。在传统的面向对象系统中，一般都是以类为中心，在类中定义该类可以具有哪些属性。这种情况下，属性都是依附于类的，只有先定义类才能有属性。例如，一个类"书"具有一个属性"作者"，先有"书"这个类，才有"作者"这个属性。RDFS 是以属性为中心的，可以先有属性再有类，通过规定某个属性的可以应用的类（定义域）和可以取的值（值域）来描述这种关系。

在传统面向对象系统中，定义了一个类，如果需要为这个类添加一个新的属性时就会比较麻烦，必须要重新定义一个新类或者修改原先类的描述，在编程中表现为需要修改原先的代码，这是编程人员所忌讳的。而在 RDFS 中，可以直接声明一个新的属性并给它规定定义域和值域。例如，一个类"班级"，由于新增一门化学课，得为"班级"类添加一个新的属性"化学课代表"，那么就可以直接声明一个新的属性"化学课代表"，它的定义域是"班级"，值域是"学生"，而没有必要重新定义或者修改"班级"类。

RDFS 用 rdfs:ConstraintResource 统一表达不同词汇间关系的约束。rdfs: ConstraintResource 是 rdfs:Resource 的一个子类，提供了一种检查 RDF 模型一致性能力的机制。RDFS 可以通过该类的实例来表达词汇间的约束。为了表明一种新的约束形式是用来表达语言约束的，可以将其标记为 rdfs:ConstraintResource 类的成员。

rdfs:ConstraintProperty 是 rdfs:ConstraintResource 和 rdf:Property 的一个公共子类，这就意味着它的实例是一种属性同时是用来制定约束的。它的典型实例有 rdfs:domain 和 rdfs:range 两个约束属性，是 RDFS 用来约束 RDF 属性使用的。

rdfs:range 作为 rdf:Property 的一个实例，用来表示一个属性的值是某一个或者多个类的实例。例如：三元组 P rdfs:range C 所表达的意思有三层。其一，P 是 rdf: Property 类的一个实例；其二，C 是 rdf:Clas 类的一个实例；其三，这个以 P 为谓语的三元组的客体资源是类 C 的实例。如果 P 有多个 rdfs:range 属性，则表示这个以 P 为谓语的三元组的客体资源是所有 rdfs:range 属性说明的所有类的实例。rdfs:range 属性本身的 rdfs:range 属性值是 rdfs:class。

rdfs:domain 同样作为 rdf:Property 的一个实例，用来表示所有含有某个属性的资源是某一个或多个类的实例。例如，三元组 P rdfs:domain C 所表示的意思也有三层。其一，P 是 rdf:Property 类的一个实例；其二，C 是 rdfs:Class 类的一个实例；其三，这个以 P 为谓语的三元组的客体资源是类 C 的实例。如果 P 有多个 rdfs:domain 属性，则表示这个以 P 为谓语的三元组的主体资源是所有 rdfs:domain 属性说明的所有类的实例。rdfs:domain 属性本身的 rdfs:domain 属性是 rdf:Property。

对于 RDF 和 RDFS 中的属性 RDFS 都用 rdfs:range 和 rdfs:domain 定义了它们的定义域和值域，包括 rdfs:range 和 rdfs:domain 自身。常见的一些属性约束如图 11.6 所示。

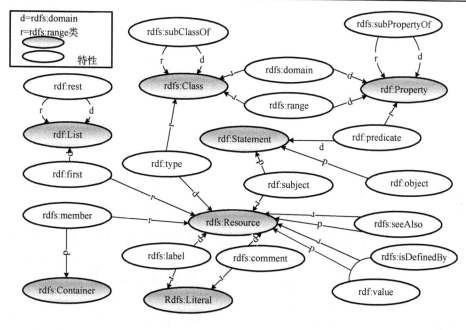

图 11.6　RDF 属性约束

11.5　本 章 小 结

　　RDF 作为语义网描述语义知识的最基本工具，具有易控制、易扩展、易综合和易交换等优点。RDF 在 XML 的基础上提供了一定的语义描述能力。但是当用 RDF 处理数据时，任何人可以定义用于描述的词汇，但是这些词汇的含义、词汇之间的关系，RDF 没有定义。这不便于机器处理数据，为此 RDFS 定义了一组标准类及属性的词汇，帮助用户构建轻量级的本体。但是 RDFS 不能够表示类、属性、个体之间的等价性，也不能定义两个类不相交。所以 OWL 又弥补了 RDFS 不足的地方，这将在下一章介绍。

第 12 章 Web 本体语言

12.1 本 体

本体(Ontology)的概念起源于西方哲学，一方面研究存在的本质；另一方面研究客体对象的理论定义，即整个现实世界的基本特征。现在哲学领域较多翻译为"本体论"。

在人工智能界，最早 Neches 等将本体定义为"给出构成相关领域词汇的基本术语和关系，以及利用这些术语和关系构成的规定这些词汇外延规则的定义"。随后，本体迅速被信息系统、知识系统等领域的研究人员所关注，并给出了许多不同的定义，其中，最著名并被引用得最为广泛的定义由 Gruber 提出，"本体是概念模型明确的规范说明"。

本体的目标是捕获相关领域的知识，提供对该领域知识的共同理解，确定该领域内共同认可的词汇，并从不同层次的形式化上给出这些词汇(术语)和词汇间相互关系的明确定义。总的来说，构造本体可以实现某种程度的知识共享和重用，以及提高系统互操作、可靠性的能力。

12.2 OWL 简介

在语义万维网中，本体的具体表示需要用描述语言来实现。目前有多种基于一阶逻辑的本体描述语言，如 Ontolingua、Loom 等。对于 Web 上的应用程序而言，需要一个通用的标准语言来表示本体，以避免在各种描述语言之间的转换。W3C 在研究了 SHOE、OML、XOL、DAML 之后，综合这些本体描述语言的优点，提出了 Web 本体语言(Web Ontology Language，OWL)，并在 2004 年 2 月作为语义万维网的推荐标准之一发布。

OWL 是 W3C 推荐的语义 Web 堆栈中的一部分，这个"栈"如表 12.1 所示。

表 12.1　语义 Web 堆栈

名称	描　　述
XML	结构化文档的表层语法，对文档没有任何语义约束
XML Schema	定义 XML 文档的结构约束的语言
RDF	对象(或者资源)以及它们之间关系的数据模型，为数据模型提供了简单的语义，这些数据模型能够用 XML 语法进行表达
RDF Schema	描述 RDF 资源的属性和类型的词汇表，提供了对这些属性和类型的语义
OWL	添加了更多的用于描述属性和类型的词汇，如类型之间的不相交性(disjointness)、基数(cardinality)等

OWL 是语义 Web 的一个组成部分。它被设计用来处理在相对较短时间内给能带来价值的信息而不是仅仅向人类呈现信息的应用。通过提供更多具有形式语义的词汇，使之在 Web 内容的机器可理解性方面要强于 XML、RDF 和 RDF-S。OWL 这项工作的目的是通过

对增加关于那些描述或提供网络内容的资源的信息，从而使网络资源能够更容易地被那些自动进程访问。OWL 当前已获得 W3C 认可，用于编写本体。

12.2.1　RDFS Schema 表达能力的局限性

RDF 和 RDFS 可以表示某些本体知识，主要建模原语涉及以类层次组织起来的词汇，包括子类关系和子属性关系、定义域和值域限定以及类实例。但是，还有很多特性不被支持，比如：

（1）对于局部值域的属性定义：RDF(S)中通过 rdfs:range 定义了属性的值域，该值域是全局性的，无法说明该属性应用于某些具体的类时具有的特殊值域限制。类、属性、个体的等价性：RDF(S)中无法声明两个或多个类、属性和个体是否等价。

（2）不相交类的定义：在 RDF(S)中只能声明子类关系，如男人和女人都是人的子类，但无法声明这两个类是不相交的。

（3）类的布尔结合定义：即通过类的并、交和补的声明事项对某些类的结合，从而构建新类，如定义人类为男人和女人这两个类的并。

（4）基数约束：即对某属性值可能或必需的取值范围进行约束，如说明一个人有双亲（包括两个人），一门课至少有一名教师等。

（5）关于属性特性的描述：即声明属性的某些特性，如传递性、函数性、对称性，以及声明一个属性是另一个属性的逆属性等。

正因为 RDF(S)具有上述一些缺陷，所以需要一种比其描述能力更为丰富的本体语言，要求该语言能够在表达能力和高效率推理支持之间进行折中。一般来说，表达能力越强的语言，推理效率就越低。这就需要一个能够兼顾两方面需求的语言，在能够高效推理的同时又有描述各种本体和知识的充分表达能力。

12.2.2　OWL 子语言

难以同时满足本体语言的全部要求：既具有高效率的推理支持，又具有由 RDFS Schema 与完整逻辑的组合所形成的语言一样强大的表达能力。这促使网络本体工作组定义了 OWL 的三个不同的子语言，每个子语言在不同层次（程度）上实现整体需求。OWL 的三个子语言之间的关系，如图 12.1 所示。

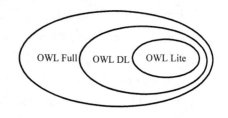

1）OWL Full

OWL Full 是 OWL 语言的全集，包含所有的　　图 12.1　OWL 的三个子语言之间的关系
OWL 语言要素并拥有与 RDF 一样的句法自由。因而，在 3 个子语言中，OWL Full 所提供的表达能力最强，但同时也因其不可判定而失去了对完全、有效推理的支持。它适用于那些追求最强的表达能力与语法自由并对推理要求不高的用户使用。

2）OWL DL

OWL DL 是 OWL Full 的子集，它与 OWL Full 都支持相同的语言要素，它们的区别仅在于对语言要素的使用限制上。因此，OWL DL 与 OWL Full 相比在拥有强大推理能力的同时，具有较强的表达能力。它适用于那些在拥有一定推理能力的前提下追求强大表达能力的用户使用。OWL DL 的缺点是失去了与 RDF 的完全兼容。

3）OWL Lite

OWL Lite 是 OWL DL 的一个子集，且仅支持部分的 OWL 语言要素。它除了遵从 OWL DL 的所有语言限制以外，还包含其他限制。它提供相对简单的 OWL 语言特性，易于掌握和实现。OWL Lite 的不足是其表达能力有限，适用于 OWL 的初学者或试验者，在此基础上进一步了解和掌握 OWL。

12.2.3　OWL 本体结构

OWL 的三个子语言基于描述逻辑（一族用于知识表示的逻辑语言和以其为对象的推理方法）定义了类的结构，这些结构构建在定义于 XML 样式的数据类型之上。这些东西包含基元数据类型，如整数、字符串以及浮点型数据，这些都是用 XML 样式命名空间来定义的。

12.2.4　命名空间

OWL 文档通常被称为 OWL 本体，一个典型的 OWL 本体以一个命名空间声明开始，命名空间遵循 XML 语法规则，被包含在一个 rdf:RDF 标签里。

```
<rdf:RDF
xmlns ="http://www.w3.org/TR/2004/REC-owl-guide-20040210/wine#"
xmlns:vin ="http://www.w3.org/TR/2004/REC-owl-guide-20040210/wine#"
xml:base ="http://www.w3.org/TR/2004/REC-owl-guide-20040210/wine#"
xmlns:food="http://www.w3.org/TR/2004/REC-owl-guide-20040210/food#"
xmlns:owl ="http://www.w3.org/2002/07/owl#"
xmlns:rdf ="http://www.w3.org/1999/02/22-rdf-syntax-ns#"
xmlns:rdfs="http://www.w3.org/2000/01/rdf-schema#"
xmlns:xsd ="http://www.w3.org/2001/XMLSchema#">
```

前两个声明标识了与该本体相关的命名空间。第一个声明指定了缺省命名空间，即表明所有无前缀的限定名（qualified names）都出自当前本体。第二个声明为当前本体指定了前缀 vin:。第三个声明为当前文档指定了基准 URI（base URI）。第四个声明指出食物（food）本体将用前缀 food:来标识。第五个命名空间声明指出，在当前文档中，前缀为 owl:的元素应被理解是对出自http://www.w3.org/2002/07/owl#中的事物引用，这是引入 OWL 词汇表的惯例用法。

OWL 要依赖 RDF、RDFS 以及 XML Schema 数据类型中的构词（constructs）。在本文档中，rdf:前缀表明事物出自命名空间http://www.w3.org/1999/02/22-rdf-syntax-ns#。接下来的两个命名空间声明分别为 RDF Schema 和 XML Schema 数据类型指定前缀 rdfs:和 xsd:。

为帮助书写冗长的 URLs，在本体的定义之前，在文档类型声明中提供一些实体定义（entity definitions）常常是很有用的。

12.2.5　本体头部

建立了命名空间后，通常要在 owl:Ontology 标签里给出一组关于本体的声明。这些标签支持一些重要的工作，如注释、版本控制以及其他本体的嵌入等。

```
<owl:Ontology rdf:about="">
<rdfs:comment>An example OWL ontology</rdfs:comment>
<owl:priorVersion rdf:resource="http://www.w3.org/TR/2003/PR-owl-guide-
    20031215/wine"/>
<owl:imports rdf:resource="http://www.w3.org/TR/2004/REC-owl-guide-
    20040210/food"/>
<rdfs:label>Wine Ontology</rdfs:label>
```

rdf:about 属性为本体提供一个名称或引用。根据标准，当 rdf:about 属性的值为""时，本体的名称是 owl:Ontology 元素的基准 URI。在使用了 xml:base 的上下文中则是一个特殊情况，这时 owl:Ontology 元素的基准 URI 也许会被设为其他 URI。

rdfs:comment 提供为本体添加注解的能力。

owl:priorVersion 是一个用于本体的版本控制系统提供相关信息的标准标签。

owl:imports 提供一种嵌入机制，接受一个用 rdf:resource 属性标识的参数。注意：owl:imports 并不总能成功，对分布在 Web 上的资源的访问也许不可及。

被用作注解的属性 (properties) 应用 owl:AnnotationProperty 来声明。例如：<owl:AnnotationProperty rdf:about="&dc;creator" />

另外，也可以用 rdfs:label 来对本体进行自然语言标注。

12.3　基　本　元　素

一个 OWL 本体中的大部分元素与类 (class)、属性 (property)、类的实例 (instance) 以及这些实例间的关系有关。本节给出应用这些元素所必需的语言成分。一个复杂的 OWL 本体通常都是通过这些简单的类、属性以及属性的特性与约束组合而成。下面介绍 OWL 本体的基本概念。

12.3.1　简单的类和个体

本体可用于实例 (个体) 推理。为了在一种有效的方式下做到这一点，需要一种机制来描述个体所属的类以及这些个体通过类成员关系而继承得到的属性。简单的类和个体的具体内容如下。

1. 简单的具名类

一个领域中的最基本概念应分别对应于各个分类层次树的根。OWL 中的所有类都是类 owl:Thing 的子类。因此，各个用户自定义的类都默认是 owl:Thing 的子类。要定义特定领域的根类，只需将它们声明为一个具名类 (named class) 即可。OWL 也可以定义空类

owl:Nothing。一个空集合为 owl:Nothing 类扩展，因此 owl:Nothing 为任意一个类的子类。

在 OWL 中使用 owl: Class 来定义类，以下例子声明了 RDF 三元组 Professor rdf: type owl: Class。

```
<rdf: Description rdf: about="Professor">
<rdf: type rdf: resource="owl: Class"/>
</rdf :Description>
```

rdfs:subClassOf 用于类的基本分类构造符（构造方法的修饰符）。它将一个较具体的类与一个较一般的类关联。如果 X 是 Y 的一个子类（subclass），则 X 的每个实例同时也是 Y 的实例。

```
<owl:Class rdf:ID="PotableLiquid">
    <rdfs:subClassOf rdf:resource="#ConsumableThing" />
    …
</owl:Class>
```

例如，把 PotableLiquid（可饮用的液体）定义为 ConsumableThing（可消耗的物品）的子类。一个类的定义由两部分组成：引入或引用一个名称，以及一个限制列表。

通常认为类的成员是作者所关心的范畴中的一个个体（而不是另一个类或属性）。要引入一个个体（individual），只需将它们声明为某个类的成员。

```
<Region rdf:ID="CentralCoastRegion" />
```

注意：下面代码的含义与上面的例子相同。

```
<owl:Thing rdf:ID="CentralCoastRegion" />
<owl:Thing rdf:about="#CentralCoastRegion">
<rdf:type rdf:resource="#Region"/>
</owl:Thing>
```

2. 个体

rdf:type 是一个 RDF 属性（RDF property），用于关联个体和它所属的类。

为了更好地说明如何将个体关联到它所属的类，可以定义一个 Grape（葡萄）的层次分类以及一个代表 Cabernet Sauvignon 品种的葡萄的个体。Grapes 在食物本体中是这样定义的：

```
<owl:Class rdf:ID="Grape">
  ...
</owl:Class>
```

接着，在葡萄酒本体中有：

```
<owl:Class rdf:ID="WineGrape">
<rdfs:subClassOf rdf:resource="&food;Grape" />
</owl:Class>
<WineGrape rdf:ID="CabernetSauvignonGrape" />
```

12.3.2　简单属性

在 OWL 中属性又被称为角色，可以互换这两个概念。属性(properties)可以断言关于类成员的一般事实以及关于个体的具体事实。

```
ObjectProperty, DatatypeProperty, rdfs:subPropertyOf, rdfs:domain, rdfs:range
```

一个属性是一个二元关系。OWL 中的属性基本上可以分为两种类型，即对象属性和数据类型属性。对象属性(object properties)，两个类的实例间的关系。数据类型属性(datatype properties)，类实例与 RDF 文字或 XML Schema 数据类型间的关系。

在定义一个属性时，有一些对该二元关系施加限定的方法。可以指定定义域(domain)和值域(range)，可以将一个属性定义为某个已有属性的特殊化(子属性)。

```
<owl:ObjectProperty rdf:ID="madeFromGrape">
<rdfs:domain rdf:resource="#Wine"/>
<rdfs:range rdf:resource="#WineGrape"/>
</owl:ObjectProperty>
```

属性 madeFromGrape 的定义域(domain)为 Wine，值域(range)为 WineGrape。也就是说，它把 Wine 类的实例关联到 WineGrape 类的实例。为同一属性声明多个定义域，表明该属性的定义域是所有这些类的交集(类的组成为定义域、值域、属性)。

```
<owl:Thing rdf:ID="LindemansBin65Chardonnay">
<madeFromGrape rdf:resource="#ChardonnayGrape"/>
</owl:Thing>
```

可以推断出，LindemansBin65Chardonnay 是一种葡萄酒，因为 madeFromGrape 的定义域为 Wine。

这些数据类型的引用是通过 http://www.w3.org/2001/XMLSchema 这个 URI 引用进行的。

```
<owl:Class rdf:ID="VintageYear"/>
<owl:DatatypeProperty rdf:ID="yearValue">
<rdfs:domain rdf:resource="#VintageYear"/>
<rdfs:range  rdf:resource="&xsd;positiveInteger"/>
</owl:DatatypeProperty>
```

yearValue 属性将 VintageYears 与一个整数值相关联。将引入 hasVintageYear 属性，它将一个 Vintage 关联到一个 VintageYear。

OWL 使用 XML Schema 内嵌数据类型中的大部分。对这些数据类型的引用是通过对 http://www.w3.org/2001/XMLSchema 这个 URI 引用进行的。表 12.2 所示的数据类型是推荐在 OWL 中使用的。

表 12.2　OWL 的 XML 数据类型

xsd:string	xsd:normalizedString
xsd:boolean	xsd:decimal
xsd:floatxsd:double	xsd:integer
xsd:nonNegativeInteger	xsd:positiveInteger

xsd:nonPositiveInteger	xsd:negativeInteger
xsd:long	xsd:int
xsd:short	xsd:byte
xsd:unsignedLong	xsd:unsignedInt
xsd:unsignedShort	xsd:unsignedByte
xsd:hexBinary	xsd:base64Binary
xsd:dateTime	xsd:time
xsd:date	xsd:gYearMonth
xsd:gYear	xsd:gMonthDay
xsd:gDay	xsd:gMonth

12.3.3　属性特性

OWL 中的属性可以声明为传递的、对称的、函数的、反函数的等特性（characteristic），下面就属性的特性进行详细说明，这就提供了一种强有力的机制以增强对于一个属性的推理。

1. TransitiveProperty

如果一个属性 P 被声明为传递属性，那么对于任意的 x、y 和 z，有 $P(x,y)$ 与 $P(y,z)$ 蕴含 $P(x,z)$。例 12.1 表明属性 locatedIn 是传递属性。

例 12.1

```
<owl:ObjectProperty rdf:ID="locatedIn">
<rdf:type rdf:resource="&owl;TransitiveProperty" />
<rdfs:domain rdf:resource="&owl;Thing" />
<rdfs:range rdf:resource="#Region" />
</owl:ObjectProperty>

<Region rdf:ID="SantaCruzMountainsRegion">
<locatedIn rdf:resource="#CaliforniaRegion" />
</Region>

<Region rdf:ID="CaliforniaRegion">
<locatedIn rdf:resource="#USRegion" />
</Region>
```

因为圣克鲁斯山地区（SantaCruzMountainsRegion）位于（locatedIn）加利福尼亚地区（CaliforniaRegion），所以它也应该位于（locatedIn）美国地区（USRegion），因为属性 locatedIn 是传递属性。

2. SymmetricProperty

如果一个属性 P 被声明为对称属性，那么对于任意的 x 和 y，有 $P(x,y)$ 当且仅当 $P(y,x)$。

例 12.2 表明 adjacentRegion 属性是对称属性，而 locatedIn 属性则不是。更准确地说，locatedIn 属性是没有被规定为对称属性。在当前的葡萄酒本体中没有任何限制，让它不能成为对称属性。

例 12.2

```
<owl:ObjectProperty rdf:ID="adjacentRegion">
<rdf:type rdf:resource="&owl;SymmetricProperty" />
<rdfs:domain rdf:resource="#Region" />
<rdfs:range rdf:resource="#Region" />
</owl:ObjectProperty>

<Region rdf:ID="MendocinoRegion">
<locatedIn rdf:resource="#CaliforniaRegion" />
<adjacentRegion rdf:resource="#SonomaRegion" />
</Region>
```

MendocinoRegion 地区与 SonomaRegion 地区相邻，反过来也是这样。MendocinoRegion 地区位于 CaliforniaRegion 地区，但是反过来并不成立。

3. FunctionalProperty

如果一个属性 P 被标记为函数型属性，那么对于所有的 x、y 和 z，有：P(x,y) 与 P(x,z) 蕴含 y = z。

例 12.3 表明在葡萄酒本体中，hasVintageYear 属性是函数型属性。一种葡萄酒有着一个特定的制造年份。即一个给定的 Vintage 个体只能使用 hasVintageYear 属性与单独一个年份相关联。owl:FunctionalProperty 并不要求该属性的定义域的所有元素都有值。

例 12.3

```
<owl:Class rdf:ID="VintageYear"/>
<owl:ObjectProperty rdf:ID="hasVintageYear">
<rdf:type rdf:resource="&owl;FunctionalProperty"/>
<rdfs:domain rdf:resource="#Vintage"/>
<rdfs:range  rdf:resource="#VintageYear"/>
</owl:ObjectProperty>
```

4. InverseOf

如果一个属性 P1 被标记为属性 P2 的逆(owl:inverseOf)，那么对于所有的 x 和 y，有 P1(x,y) 当且仅当 P2(y,x)。

注意，owl:inverseOf 的语法，它仅仅使用一个属性名作为参数。A 当且仅当 B 意思是 (A 蕴含 B) 并且 (B 蕴含 A)。

```
<owl:ObjectProperty rdf:ID="hasMaker">
<rdf:type rdf:resource="&owl;FunctionalProperty" />
</owl:ObjectProperty>

<owl:ObjectProperty rdf:ID="producesWine">
<owl:inverseOf rdf:resource="#hasMaker" />
</owl:ObjectProperty>
```

各种葡萄酒都有制造商，这些制造商在 Wine 类的定义中被限制为酿酒厂(Winery)。而每个酿酒厂生产的酒均以该酿酒厂为制造商。

5. InverseFunctionalProperty

如果一个属性 P 被标记为反函数型的(InverseFunctional)，那么对于所有的 x、y 和 z，有：P(y,x) 与 P(z,x) 蕴含 y = z。

在前面的章节中提到的 producesWine 属性是反函数型属性。因为一个函数型属性的逆必定是反函数型的。如下定义 hasMaker 属性和 producesWine 属性可以达到和前例中相同的效果。

```
<owl:ObjectProperty rdf:ID="hasMaker" />

<owl:ObjectProperty rdf:ID="producesWine">
<rdf:type rdf:resource="&owl;InverseFunctionalProperty" />
<owl:inverseOf rdf:resource="#hasMaker" />
</owl:ObjectProperty>
```

反函数型属性的值域中的元素可以看成是在数据库意义上定义唯一的键值。owl:InverseFunctional 意味着属性的值域中的元素为定义域中的每个元素提供了唯一的标识。

12.3.4　属性限制

除了能够指定属性特性，还能够使用多种方法进一步在一个明确的上下文中限制属性的值域。这是通过"属性限制"来完成的。下面描述的多种形式仅在 owl:Restriction 的上下文中才能使用。owl:onProperty 元素指出了受限制的属性。

1. allValuesFrom, someValuesFrom

笔者所讲述的机制为全局的(global)，因为这些机制都会应用到属性的所有实例。接下来讲述两个属性限制机制，allValuesFrom 与 someValuesFrom，则是局部的(local)，它们仅仅在包含它们的类的定义中起作用。

例 12.4 表明 owl:allValuesFrom 属性限制要求：对于每一个有指定属性实例的类实例，该属性的值必须是由 owl:allValuesFrom 从句指定的类的成员。

例 12.4

```
<owl:Class rdf:ID="Wine">
<rdfs:subClassOf rdf:resource="&food;PotableLiquid"/>
  ...
<rdfs:subClassOf>
<owl:Restriction>
<owl:onProperty rdf:resource="#hasMaker"/>
<owl:allValuesFrom rdf:resource="#Winery"/>
</owl:Restriction>
</rdfs:subClassOf>
  ...
</owl:Class>
```

Wine 的制造商必须是 Winery，allValuesFrom 限制仅仅应用在 Wine 的 hasMaker 属性上。Cheese 的制造商并不受这一局部限制的约束。

owl:someValuesFrom 限制与之相似。在上个例子中，如果用 owl:someValuesFrom 替换 owl:allValuesFrom，则意味着至少有一个 Wine 类实例的 hasMaker 属性是指向一个 Winery 类的个体。

2. 基数限制

使用 owl:cardinality，这一约束允许对一个关系中的元素数目作出精确的限制。例如，可以将 Vintage 标识为恰好含有一个 VintageYear 的类，如例 12.5 所示。

例 12.5

```
<owl:Class rdf:ID="Vintage">
<rdfs:subClassOf>
<owl:Restriction>
<owl:onProperty rdf:resource="#hasVintageYear"/>
<owl:cardinality rdf:datatype="&xsd;nonNegativeInteger">1</owl:cardinality>
</owl:Restriction>
</rdfs:subClassOf>
</owl:Class>
```

标识 hasVintageYear 属性为一个函数型属性，即每个 Vintage 有至多一个 VintageYear。如果对 Vintage 类的 hasVintageYear 属性使用基数限制则是对其作出了更强的断言，它表明了每个 Vintage 有恰好一个 VintageYear。

owl:maxCardinality 用来指定一个上界，owl:minCardinality 用来指定一个下界。使用二者的组合就能够将一个属性的基数限制为一个数值区间。

3. hasValue

使用 hasValue 能够根据"特定的"属性值的存在来标识类。因此，一个个体只要至少有"一个"属性值等于 hasValue 的资源，这一个体就是该类的成员，如例 12.6 所示。

例 12.6

```
<owl:Class rdf:ID="Burgundy">
  ...
<rdfs:subClassOf>
<owl:Restriction>
<owl:onProperty rdf:resource="#hasSugar" />
<owl:hasValue rdf:resource="#Dry" />
</owl:Restriction>
</rdfs:subClassOf>
</owl:Class>
```

这里声明了所有的 Burgundy 酒都是干(Dry)的酒，即它们的 hasSugar 属性必须至少有一个值等于 Dry(干的)。

12.4　类、属性及个体间的关系

12.4.1　类和属性之间的等价关系

当把一些本体组合在一起作为另一个新的本体的一部分时，能说明在一个本体中的某个类或者属性与另一个本体中的某个类或者属性是等价的，equivalentClass 和 equivalentProperty 属性往往是很有用的。

在食物本体中，想把在餐宴菜肴中对葡萄酒特点的描述与葡萄酒本体相联系起来。达到这一目的方法是在食物本体中定义一个类 Wine，然后在葡萄酒本体中将一个已有的类声明为与这个类是等价的。

```
<owl:Class rdf:ID="Wine">
<owl:equivalentClass rdf:resource="&vin;Wine"/>
</owl:Class>
```

属性 owl:equivalentClass 被用来表示两个类有着完全相同的实例。但要注意，在 OWL DL 中，类仅仅代表着个体(类的实例)的集合而不是个体本身。然而在 OWL FULL 中，使用 owl:sameAs 来表示两个类在各方面均完全一致。

类名(类的表达式)既能用于<rdfs:subClassOf>设计中，又能用于<owl:equivalentClass>设计(例 12.7)中。一个类名可多处使用，既省却了命名的麻烦，又给提供了基于属性要求的强大定义能力。

例 12.7

```
<owl:Class rdf:ID="TexasThings">
<owl:equivalentClass>
<owl:Restriction>
<owl:onProperty rdf:resource="#locatedIn" />
<owl:someValuesFrom rdf:resource="#TexasRegion" />
</owl:Restriction>
</owl:equivalentClass>
</owl:Class>
```

TexasThings 指的是那些恰好位于 Texas 地区的事物。使用 owl:equivalentClass 和使用 rdfs:subClassOf 的不同就像必要条件和充要条件的不同一样。如果使用 subClassOf，位于 Texas 地区的事物不一定是 TexasThings；如果使用 owl:equivalentClass，位于 Texas 地区的事物一定属于 TexasThings 类。

类似的，可以通过使用 owl:equivalentProperty 属性声明表达属性的等同。

12.4.2　个体间的关系

描述个体之间相同的机制与描述类之间相同的机制类似，只要将两个个体声明成一致的就可以了。

```
<Wine rdf:ID="MikesFavoriteWine">
<owl:sameAs rdf:resource="#StGenevieveTexasWhite" />
</Wine>
```

sameAs 的一种更加典型的用法是将不同文档中定义的两个个体等同起来，作为统一两个本体的部分。但这样做带来了一个问题，OWL 中并没有名称唯一这个假定。仅仅名称不同并不意味着这两个名称引用的是不同的个体。假如 hasMaker 是一个函数型属性，那么下面的例子就不一定会产生冲突。

```
<owl:Thing rdf:about="#BancroftChardonnay">
<hasMaker rdf:resource="#Bancroft"/>
<hasMaker rdf:resource="#Beringer"/>
</owl:Thing>
```

修饰（或引用）两个类用 sameAs 还是用 equivalentClass 效果是不同的。用 sameAs 的时候，把一个类解释为一个个体，就像在 OWL Full 中一样，这有利于对本体进行分类。在 OWL Full 中，sameAs 可以用来引用两个东西，如一个类和一个个体、一个类和一个属性等，无论什么情况，都将被解释为个体。

在 OWL 中 differentFrom 提供了与 sameAs 相反的效果，它声明了两个个体是不同的，其具体内容在此就不再赘述了。

12.5　复　杂　类

OWL 提供了一些用于构建类的构造子。这些构造子被用于创建所谓的类表达式。OWL 支持基本的集合操作，即并、交和补运算。它们分别被命名为 owl:unionOf、owl:intersectionOf 和 owl:complementOf。此外，类还可以是枚举的。类的外延可以使用 oneOf 构造子来显示的声明。同时，也可以声明类的外延必须是互不相交的。

类表达式是可以嵌套的，并不要求要为每一个中间类都提供一个名字；这样就允许笔者通过使用集合操作来从匿名类或具有值约束的类来创建复合类。

12.5.1　交运算

例 12.8 展示了 intersectionOf 构造子的使用。

例 12.8

```
<owl:Class rdf:ID="WhiteWine">
<owl:intersectionOf rdf:parseType="Collection">
<owl:Class rdf:about="#Wine"/>
<owl:Restriction>
<owl:onProperty rdf:resource="#hasColor"/>
<owl:hasValue rdf:resource="#White"/>
</owl:Restriction>
</owl:intersectionOf>
</owl:Class>
```

上面的语句说明 WhiteWine 恰好是类 Wine 与所有颜色是白色的事物的集合的交集。这就意味着如果某一事物是白色的并且是葡萄酒，那么它就是 WhiteWine 的实例。但是，反过来就不是这样了。这是对个体进行分类的强有力工具。

例 12.9

```
<owl:Class rdf:about="#Burgundy">
<owl:intersectionOf rdf:parseType="Collection">
<owl:Class rdf:about="#Wine"/>
<owl:Restriction>
<owl:onProperty rdf:resource="#locatedIn"/>
<owl:hasValue rdf:resource="#BourgogneRegion"/>
</owl:Restriction>
</owl:intersectionOf>
</owl:Class>
```

在这里定义了 Burgundy 类，如例 12.9 所示。这个类恰好包含了那些至少有一个 locatedIn 关系，同时这一关系又要联系到 Bourgogne 地区的葡萄酒。

例 12.10

```
<owl:Class rdf:ID="WhiteBurgundy">
<owl:intersectionOf rdf:parseType="Collection">
<owl:Class rdf:about="#Burgundy"/>
<owl:Class rdf:about="#WhiteWine"/>
</owl:intersectionOf>
</owl:Class>
```

例 12.10 表明 WhiteBurgundy 类恰好是白葡萄酒和 Burgundies 的交集。依次，Burgundies 生产在法国一个叫做 Bourgogne 的地方并且它是干葡萄酒(dry wine)。因此，所有满足这些标准的葡萄酒个体都是 WhiteBurgundy 类的外延的一部分。

12.5.2　并运算

例 12.11 展示了 unionOf 结构的使用。它的使用方法和 intersectionOf 极其类似。

例 12.11

```
<owl:Class rdf:ID="Fruit">
<owl:unionOf rdf:parseType="Collection">
<owl:Class rdf:about="#SweetFruit"/>
<owl:Class rdf:about="#NonSweetFruit"/>
</owl:unionOf>
</owl:Class>
```

Fruit 类既包含了 SweetFruit 类的外延，也包含了 NonSweetFruit 的外延。

```
<owl:Class rdf:ID="Fruit">
<rdfs:subClassOf rdf:resource="#SweetFruit"/>
<rdfs:subClassOf rdf:resource="#NonSweetFruit"/>
</owl:Class>
```

上面的例子说明 Fruit 的实例是 SweetFruit 和 NonSweetFruit 的交集的子集，这里将预计得到一个空集。

12.5.3　补运算

complementOf 结构从某个论域(domain of discourse)选出不属于某个类的所有个体。通常它将指向一个非常大的个体集合：

```
<owl:Class rdf:ID="ConsumableThing"/>
<owl:Class rdf:ID="NonConsumableThing">
<owl:complementOf rdf:resource="#ConsumableThing"/>
</owl:Class>
```

类 NonConsumableThing 包含了所有不属于 ConsumableThing 的外延的个体。NonConsumableThing 集合包含了所有的 Wines、Regions 等。它实际上就是 owl:Thing 与 ConsumableThing 两个集合的集合差。因此，complementOf 典型的用法与其他集合运算符联合使用，如例 12.12 所示。

例 12.12

```
<owl:Class rdf:ID="NonFrenchWine">
<owl:intersectionOf rdf:parseType="Collection">
<owl:Class rdf:about="#Wine"/>
<owl:Class>
<owl:complementOf>
<owl:Restriction>
<owl:onProperty rdf:resource="#locatedIn"/>
<owl:hasValue rdf:resource="#FrenchRegion"/>
</owl:Restriction>
</owl:complementOf>
</owl:Class>
</owl:intersectionOf>
</owl:Class>
```

上面的例子定义了一个 NonFrenchWine 类，它是 Wine 类与所有不位于法国的事物的集合的交集。

12.5.4　枚举类

OWL 提供了一种通过直接枚举类的成员的方法来描述类，这是通过使用 oneOf 结构来完成的。这个定义完整地描述了类的外延，因此任何其他个体都不能被声明为属于这个类。

例 12.13 定义了 WineColor 类，它的成员是 White、Rose 和 Red 这三个个体。

例 12.13

```
<owl:Class rdf:ID="WineColor">
<rdfs:subClassOf rdf:resource="#WineDescriptor"/>
<owl:oneOf rdf:parseType="Collection">
<owl:Thing rdf:about="#White"/>
```

```
<owl:Thing rdf:about="#Rose"/>
<owl:Thing rdf:about="#Red"/>
</owl:oneOf>
</owl:Class>
```

  oneOf 结构的每一个元素都必须是一个有效声明的个体。一个个体必须属于某个类。在上面的例子中，每一个个体都是通过名字来引用的。使用 owl:Thing 简单地进行引用，尽管这有点多余(因为每个个体都属于 owl:Thing)。另外，也可以根据具体类型 WineColor 来引用集合中的元素，如例 12.14 所示。

  例 12.14

```
<owl:Class rdf:ID="WineColor">
<rdfs:subClassOf rdf:resource="#WineDescriptor"/>
<owl:oneOf rdf:parseType="Collection">
<WineColor rdf:about="#White"/>
<WineColor rdf:about="#Rose"/>
<WineColor rdf:about="#Red"/>
</owl:oneOf>
</owl:Class>
```

  另外，较复杂的个体描述同样也可以是 oneOf 结构的有效元素，例如：

```
<WineColor rdf:about="#White">
<rdfs:label>White</rdfs:label>
</WineColor>
```

12.5.5　不相交类

  使用 disjointWith 构造子可以表达一组类是不相交的。它保证了属于某一个类的个体不能同时又是另一个指定类的实例。

  例 12.15

```
<owl:Class rdf:ID="Pasta">
<rdfs:subClassOf rdf:resource="#EdibleThing"/>
<owl:disjointWith rdf:resource="#Meat"/>
<owl:disjointWith rdf:resource="#Fowl"/>
<owl:disjointWith rdf:resource="#Seafood"/>
<owl:disjointWith rdf:resource="#Dessert"/>
<owl:disjointWith rdf:resource="#Fruit"/>
</owl:Class>
```

  例 12.15 声明了多个不相交类。注意它只声明了 Pasta 与其他所有类是不相交的。例如，它并没有保证 Meat 和 Fruit 是不相交的。为了声明一组类是互不相交的，必须对每两个类都使用 owl:disjointWith 来声明。

  一个常见的需求是定义一个类为一组互不相交的子类的联合(union)。

  例 12.16

```
<owl:Class rdf:ID="SweetFruit">
```

```
<rdfs:subClassOf rdf:resource="#EdibleThing" />
</owl:Class>

<owl:Class rdf:ID="NonSweetFruit">
<rdfs:subClassOf rdf:resource="#EdibleThing" />
<owl:disjointWith rdf:resource="#SweetFruit" />
</owl:Class>

<owl:Class rdf:ID="Fruit">
<owl:unionOf rdf:parseType="Collection">
<owl:Class rdf:about="#SweetFruit" />
<owl:Class rdf:about="#NonSweetFruit" />
</owl:unionOf>
</owl:Class>
```

例 12.16 中，定义了 Fruit 是 SweetFruit 和 NonSweetFruit 的并集。而且这些子类恰好将 Fruit 划分成了两个截然不同的子类，因为它们是互不相交的。随着互不相交的类的增加，不相交的声明的数目也会相应的增加到 n^2。当 n 很大时，可以使用另一些方法以避免声明的数目按二次方增长。

12.6 OWL2 标 准

OWL2 为 OWL1 新添了若干新特性，包括增强的对属性的表达能力、对数据类型的扩展支持、简单的元建模能力、扩展的注释能力以及键。OWL2 定义了若干种配置语言，它们是能更好地满足特定的性能需求或者更易于实现的 OWL2 语言子集。

OWL2 的新特性如下：

(1) 语法糖(syntactic sugar)，使常用语句更易使用；

(2) 增强了表达能力的新结构；

(3) 对数据类型的扩展支持；

(4) OWL2 标准的语法；

(5) OWL2 标准的配置语言(profile)。

12.6.1 语法糖

OWL2 新添了语法糖以便于书写一些常见模式(patterns)。由于所有的这些结构都只是简化的写法，所以它们并没有改变语言的表达力、语义和复杂性。但是，为了能够使处理更高效，实际实现可能更倾向于关注这些结构。由于语法糖与 XML 主题相关度较低，且要保持内容全面性，因此本文只对不相交类和否定的数据属性断言作简要介绍。

1. 不相交类

在 OWL1 中，owl:disjointWith 可被声明两个子类是不相交的。如果有多个类应该被声明互不相交，那么就需要多个 owl:disjointWith。因此，OWL2 引入了 owl:AllDisjointWith 作为允许声明多个互不相交的类的简易写法。声明如例 12.17 所示。

例 12.17

```
<owl:AllDisjointClasses>
<owl:members rdf:parseType="Collection">
<owl:Class rdf:about="UndergraduateStudent"/>
<owl:Class rdf:about="GraduateStudent"/>
<owl:Class rdf:about="OtherStudent"/>
</owl:members>
</owl:AllDisjointClasses>
```

该例表示 UndergraduateStudent、GraduateStudent、OtherStudent 三个子类为三个互不相交的子类。

2. 否定的数据属性断言

虽然 OWL1 为断言个体的属性值提供了方法，但是它并没有提供结构以直接断言个体所没有(否定事实)的值。声明如例 12.18 所示。

例 12.18

```
<owl:NegativePropertyAssertion>
<owl:sourceIndividual rdf:resource="Jack"/>
<owl:assertionProperty rdf:resource="hasAge"/>
<owl:targetValue rdf:datatype="http://www.w3.org/2001/XMLSchema#integer">
    53
</owl:targetValue>
</owl:NegativePropertyAssertion>
```

该例表示直接断言 Jack 的年龄没有 53 岁。

12.6.2 属性的新结构

OWL1 主要关注表达类及个体信息的结构，对属性的表达则略显不足。OWL2 提供了新的结构，来表达对属性的附加限制、属性的新特征、属性的不兼容性、属性链和键。这里，由于篇幅所限，只简单地介绍属性限定基数和键等属性新结构的基本内容。

1. 属性限定基数限制

虽然 OWL1 允许对属性实例的数量进行限制，如定义拥有至少 3 个孩子的人，但是它并没有为约束被计数的实例的类或者数据值域(限定基数限制)提供方法，如指定一类拥有至少 3 个孩子并且都是女孩的人。声明如例 12.19 所示。

例 12.19

```
<rdf:Description rdf:about="John">
<rdf:type>
<owl:Restriction>
<owl:maxQualifiedCardinality rdf:datatype="http://www.w3.org/2001/XML
    Schema#nonNegativeInteger">
    4
</owl:maxQualifiedCardinality>
```

```
<owl:onProperty rdf:resource="hasChild"/>
<owl:onClass rdf:resource="Parent"/>
</owl:Restriction>
</rdf:type>
</rdf:Description>
```

该例表明 John 至多有 4 个孩子并且都是父母的人。注意，这样的声明允许 John 有若干非父母的孩子。

2. 键

OWL1 没有为定义键提供方法。不过，键对于很多想通过(一组)键属性的值来唯一标识给定类的个体的应用而言，显然极为重要。OWL2 结构 HasKey 允许为给定的类定义键。虽然在 OWL2 中键属性不要求是函数型属性或全部(total)属性，如果需要，总是有可能单独地声明键属性是函数型属性。键的声明如下：

```
<owl:Class rdf:about="Person">
<owl:hasKey rdf:parseType="Collection">
<owl:DataProperty rdf:about="hasSSN"/>
</owl:hasKey>
</owl:Class>
```

该例表明可以通过一个 SSN(社会安全码)确定一个人的身份。

12.6.3 扩展的数据类型能力

OWL1 的数据类型主要关注一些简单信息的表达，对复杂信息的表达则略显不足。OWL2 扩展了 OWL1 的数据类型，主要扩展内容有数据类型定义、数据值域组合、附加的数据类型和数据类型限制、n 元数据类型。由于篇幅所限，只介绍扩展数据类型的基础部分，数据值域组合。

虽然 OWL1 允许通过组合类来构建新类，但是并没有提供通过组合其他数据类型来构建新数据类型的方法。在 OWL2 中，就可以使用这种方式定义新的数据类型。

在 OWL2 中，可以使用数据值域的交运算、并运算和补运算来构建数据值域组合。因此，当假设已存在 minorAge 和 personaAge 数据类型，可以定义 majorAge 数据类型通过 minorAge 和 personAge 之间数据值域的补运算获得。例 12.20 为定义一个 majorAge 的声明。

例 12.20

```
<rdf:Description rdf:about="majorAge">
<owl:equivalentClass>
<rdfs:Datatype>
<owl:intersectionOf rdf:parseType="Collection">
<rdf:Description rdf:about="personAge"/>
<rdfs:Datatype>
<owl:datatypeComplementOf rdf:resource="minorAge"/>
</rdfs:Datatype>
</owl:intersectionOf>
```

```
</rdfs:Datatype>
</owl:equivalentClass>
</rdf:Description>
```

12.7   PROFILE

OWL1 定义了两种主要的变体，OWL DL 和 OWL Full，以及一个句法子集（OWL Lite）。但是，事实表明，它对解决随后由 OWL 本体部署（deployment）所确定的需求是不够的，尤其是在生命科学领域和涉及经典数据库有关的应用中表现出明显不足。

为了满足以上需求，OWL2 定义了 3 种不同的配置语言：OWL2 EL、OWL2 QL 和 OWL2 RL，它们是具有有效计算性能或者实现可能性的 OWL2 的子语言。

12.7.1   OWL2 EL

OWL2 EL 捕获了许多大规模本体所用到的表达能力。OWL2 EL 为该语言设置了若干句法上的限制：

（1）对结构的限制：OWL2 EL 支持对类表达式或数据值域的存在量化，对个体（ObjectHasValue）或文本（DataHasValue）的存在量化，自我限制，涉及单个个体或单个文本的枚举、类和数据值域的交运算。摒弃的特性包括对类表达式或数据值域的全称量化，基数限制（min、max 和 exact）、析取（ObjectUnionOf、DisjointUnion 和 DataUnionOf），类的否定（class negation）以及许多其他的特性。

（2）对公理的限制：OWL2 EL 支持多数的公理，如子类、等价类、类不相交、值域与定义域、对象属性包含（SubObjectPropertyOf），可能涉及属性链和数据属性包含（SubDataPropertyOf）、传递属性、键（HasKey）等。

由于这些限制，OWL2 EL 推理器可以开发推理算法，包括查询应答算法，已知其最大时间复杂度是多项式。缩略词 EL 反映出该配置语言的基础是描述逻辑的 EL 家族，即只提供存在量化的逻辑。

12.7.2   OWL2 QL

OWL2 QL 捕获了用于简单本体（如叙词表）的表达能力，以及 ER/UML 模式所用到的（大部分）表达能力。OWL2 QL 为该语言设置了若干句法上的限制：

（1）对结构的限制：特性包括存在限制的一个有限形式、子类、等价类、不相交、值域与定义域、对称属性等。摒弃的特性包括：对类表达式或数据值域的存在量化，自我限制，对个体或文本的存在量化，个体和文本枚举，对类表达式或数据值域的全称量化，基数限制（min、max 和 exact），析取（ObjectUnionOf、DisjointUnion 和 DataUnionOf），属性包含（涉及属性链的 SubObjectPropertyOf），函数型和反函数型属性，传递属性，自反属性，非自反属性，非对称属性，键等。

（2）对公理的限制：除了不允许 DisjointUnion 外，OWL2 QL 与结构化规范支持相同的类公理。

这些限制使其能够与数据库紧密集成在一起，并且推理器可以在标准关系型数据库之上实现。因此，该配置语言尤其适合那些只需要相对轻量级本体又有大量个体的应用，以及通过关系查询（如 SQL）直接访问数据有用或有必要的应用。缩略词 QL 反映了这样一个事实：查询应答可以通过将查询改写为标准的关系型查询语言来实现。

12.7.3　OWL2 RL

OWL2 RL 设计用于愿意牺牲语言的完整表达力以换取效率的 OWL 应用，以及需要来自于 OWL2 的某些额外表达力的 RDF(S) 应用。这是通过定义一个 OWL2 句法子集来达到的，该子集适用于采用基于规则技术的实现。OWL2 RL 为该语言设置了若干句法上的限制：

（1）对结构的限制：支持大部分的 OWL2 类表达式结构，但是它们被限制在某些句法位置使用。例如，对类的存在量化以及对类表达式（ObjectUnionOf）的并运算都不允许出现在公理的右边。

（2）对公理的限制：除了类的不相交并、自反的对象属性公理和否定的对象及数据属性断言之外，OWL2 RL 支持 OWL2 的所有公理。

这些限制使 OWL2 RL 能够使用基于规则的技术来实现，如扩展了规则的数据库管理系统。缩略词 RL 反映了这样的一个事实：推理可以使用标准的规则语言来实现。

应用开发人员可能会问自己哪种配置语言才能最大限度地满足他们的需求。这些不同配置语言的选择主要取决于应用所需要的表达力、赋予类或数据的推理优先级、数据集的大小以及扩展性的重要程度等。以下建议可能会有用：

（1）如果用户需要一种可扩展配置语言，用于大而（相当）简单的本体且本体（TBox/Schema）推理也需要好的时间性能，那么可能需要考虑 OWL2 EL。

（2）如果用户需要一种容易与关系型数据库系统互操作的配置语言，而且对大型数据集的可扩展推理又是最重要的任务时，可能需要考虑 OWL2 QL。

（3）如果用户需要一种容易与规则引擎和扩展了规则的数据库管理系统互操作的配置语言，而且对大型数据集的可扩展推理又是最重要的任务时，可能需要考虑 OWL2 RL。

注意：OWL2 QL 和 OWL2 RL 都能很好地适用于使用了相对轻量级的本体以及非常大的数据集的应用。选择哪一种配置语言取决于要处理的数据类型：如果通过关系查询（如SQL）直接访问数据有用或有必要，则使用 OWL2 QL 可能更好一些；如果直接操作 RDF三元组形式的数据有用或有必要，则使用 OWL2 RL 可能更好一些。

12.8　本章小结

本章首先介绍了本体的概念及其作用；然后由此引出 OWL 概念，并详细阐述了 OWL本体的结构、基本元素、复杂类等知识以使读者具备自行构建简单本体的能力；还介绍了类、属性以及个体之间的简单关系等，以达到读者针对自己构建的本体做一些简单工作；最后介绍了 OWL2 标准，对标准中的语法、属性、数据类型以及配置语言等方面进行阐述，并同时与 OWL1 作对比以突显 OWL2 的优势。

第 13 章　服务本体描述语言

13.1　OWL-S 简介

OWL-S（Ontology Web Language for Services，面向服务的 Web 本体语言）是一个基于 OWL 的 Web 服务本体语言，它向 Web 服务提供者提供一组核心的结构来描述服务的属性与功能，并且这种描述是清楚的，可以被计算机识别的。

OWL-S 描述了 Web 服务的三个方面，即服务提供的功能、服务的实现方式以及服务之间的交互，分别由三个部分来描述：服务配置文件（ServiceProfile）、服务模型（ServiceModel），服务基础（ServiceGrounding），如图 13.1 所示。

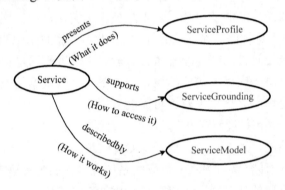

图 13.1　顶层服务本体

下面给出这三个部分的解释。

（1）ServiceProfile 描述了"服务能做什么"。服务查找代理（service-seeking agent）利用 ServiceProfile 来确定服务是否匹配需求。它描述的内容包括：什么是由服务完成的、服务的适用性和服务的质量，以及服务请求者成功使用服务所必须满足的条件。

（2）ServiceModel 通过详细的请求语义告诉客户端如何使用服务，它描述了如何访问服务和服务进行时将发生什么。

（3）ServiceGrounding（简称 Grounding）指定代理（agent）如何访问服务的细节。通常情况下 Grounding 指定通信协议、消息格式和其他特定服务的细节，如相关服务间的通信端口号。此外，Grounding 必须指定 ServiceModel 中的输入输出语义类型，从而明确服务中交换的数据元素类型。

对于顶层服务本体来说，一个 Service 最多只能由一个 ServiceModel 来描述其如何工作，而且必须与一个 ServiceGrounding 相关联，但是一个 Service 可以由零个或多个 ServiceProfile 来描述。

13.2　服务配置文件

在 Web 服务市场上进行交互的三方包括：服务请求者、服务提供者以及基础架构组件（infrastructure components）。服务请求者，即广义的买家，为了达到自身工作目的来寻求服务；服务提供者，即广义的卖家，向请求者提供满足需求的服务。在因特网这样一个开放的环境中，服务请求者可能并不知道服务提供者的存在，因而依赖于一种类似于注册表的基础架构组件来找到合适的服务提供者。基础架构组件的任务就是将服务请求者所提出的请求与服务提供者提供的服务相匹配，从而为服务请求者提供最有效的服务。在 OWL-S 框架中，服务配置文件定义了服务提供者提供的服务及服务请求者需要的服务的描述方式。

OWL-S 的服务配置文件描述一个服务主要包含三方面的信息：服务提供者信息、服务功能描述和服务所属分类。

服务提供者信息：主要包括指向提供服务的实体的相关信息，即服务提供者的白页和黄页信息。例如，负责服务运行的维护人员或提供服务相关信息的客服人员的联系方式。

服务功能描述：由服务所产生的变化来表述。服务可能需要满足某些外部条件，且可能产生更改这些条件的效果。服务功能描述不仅规定了一个服务所需的输入和产生的输出，而且描述了服务的前置条件以及服务执行造成的预期影响。具体就是指服务的输入（Inputs）、输出（Outputs）、前置条件（Preconditions）和预期影响（Effects），简称 IOPE。

服务配置文件可以提供服务所属分类、QoS 信息，还提供了一种机制来描述各种服务的特性。服务所属分类指定了一个给定服务的类别，如在 UNSPSC 分类系统[①]内的服务的类别。QoS 信息描述了服务质量等级。某些服务可能会非常好、可靠并且快速响应；也可能是不可靠、缓慢甚至恶意的。请求者使用服务之前可能需要检查服务的质量。为此服务提供者要到指定的评级系统内公布其等级，向服务请求者展示其提供服务的质量。服务请求者可以利用这些等级信息，评估服务的正确性，并根据评估结果选择适当的服务。服务特性由一个包含服务参数的无界列表描述。这些参数包括最大响应时间估计、服务的地域可用性等。

下面详细介绍配置文件的一些细节。

1）服务配置文件类

ServiceProfile 类为服务所有类型的高层描述提供了一个超类。ServiceProfile 类中没有强制要求服务的描述形式，但是规定了服务实例与配置文件实例关联的基础信息。

服务和配置文件之间具有双向关系，也就是服务和配置文件关联，同时配置文件也可以和服务关联。这种双向关系通过属性 presents 和 presentedBy 表示。

presents 描述服务提供者和配置文件实例之间的关系，表示配置文件描述某一服务。

presentedBy 是 presents 的逆关系，表示一个服务由某一指定的配置文件描述。

---

① UNSPSC（The Universal Standard Products and Services Classification）是第一个应用于电子商业的产品及服务之分类系统，每一种产品在 UNSPSC 的分类中，都有自己一个独特及唯一的编码。

2) 服务名、关联信息以及文本描述

配置文件提供了面向用户可读的信息，引入这些信息主要是便于用户阅读，一般不能进行自动化处理。这些性质包括服务名、文本描述和服务提供商的联系信息。配置文件允许有至多一个服务名和文本描述，但是可以有多个的关联信息以满足服务提供者的要求。

服务名：服务的名称。它可以用作服务的标识符。

文本描述：服务的简要说明。总结服务的内容，描述该服务执行要满足的条件等。

服务提供商的联系信息：提供服务或服务某些方面的提供者的联系信息。

3) 功能描述

配置文件的一个基本组成部分是服务提供的功能规格说明和完成服务所需要的基本条件说明。配置文件指定了服务执行要求的条件，包括服务活动造成的预期和非预期结果。OWL-S 配置文件表示服务功能的四部分，分别是输入、输出、前置条件和效果。例如，在一个网上采购的服务中，信用卡号作为输入，采购单是它的输出，信用卡有效是它的前置条件，而信用卡上的余额减少则是产生的效果。

13.3　服　务　模　型

服务提供者用 ServiceModel 描述服务的内部流程，从一个更细化的角度来说明服务如何起作用。这个服务通常可以被视为一个过程。

首先需要强调的是一个过程不一定只是一个程序在执行。过程可以被分成三类：原子过程(atomic process)、复合过程(composite process)和简单过程(simple process)。原子过程是不可再分的，并且可被直接调用。复合过程是由若干个原子过程和复合过程组成的过程。简单过程是一个抽象的概念，不可被直接调用。

IOPE 是 OWL-S 中非常重要的概念。Inputs 和 Outputs 是指过程的输入和输出，对应数据之间的交换；Preconditions 和 Effects 是指过程的前提条件和效果，即执行前应满足的条件和执行后应产生的效果，对应状态之间的转换。在 OWL-S 中可以定义条件表达式 Outputs 和 Effects，即只有在条件满足时，才能产生预期的输出和效果。

Inputs 和 Outputs 是参数(Parameter)类的子类：

例 13.1

```
<owl:Class rdf:ID="Input">
    <rdfs:subClassOf rdf:resource="#Parameter"/>
</owl:Class>
<owl:Class rdf:ID="Output">
    <rdfs:subClassOf rdf:resource="#Parameter"/>
</owl:Class>
```

参数是一种 SWRL(一种表达 OWL 规则的语言)中的变量(variables)。

例 13.2

```
<owl:Class_rdf:about="#Parameter">
    <rdfs:subClassOf_rdf:resource="&swrl;#Variable"/>
```

```
</owl:Class>
```

每个参数都至少有一个用 URI 指定的参数类型。

例 13.3

```
<owl:DatatypeProperty rdf:ID="parameterType">
   <rdfs:domain rdf:resource="#Parameter"/>
   <rdfs:range rdf:resource="&xsd;anyURI"/>
</owl:DatatypeProperty>
<owl:Class rdf:ID="Parameter">
   <rdfs:subClassOf>
      <owl:Restriction>
         <owl:onProperty rdf:resource="#parameterType" />
            <owl:minCardinality rdf:datatype="&xsd;
#nonNegativeInteger">
                  1
            </owl:minCardinality>
      </owl:Restriction>
   </rdfs:subClassOf>
</owl:Class>
```

Conditions 和 Effects 是表达式 (Expression) 的两种特殊情况。因为它们用自然语言描述，所以在下面的描述中无法看出两者不同。

例 13.4

```
<owl:Class rdf:ID="Condition">
<owl:subClassOf rdf:resource="&expr;#Expression"/>
</owl:Class>


<owl:Class rdf:ID="Effect">
<owl:subClassOf rdf:resource="&expr;#Expression"/>
</owl:Class>
```

表 13.1 中的属性将过程和过程相对应的 IOPE 联系起来。

表 13.1　关联过程与 IOPE 的属性

Property	Range	Kind
hasParticipant	Participant	Thing
hasInput	Input	Parameter
hasOutput	Output	Parameter
hasLocal	Local	Parameter
hasPrecondition	Condition	Expression
hasResult	Result	Expression

如表 13.1 中所示，过程的属性通过 Property 定义，对应属性值的取值范围在 Range 列中，属性值的类型在 Kind 列中描述。

13.3.1　原子和简单过程

过程类由原子过程、简单过程和复合过程三个子类构成。

例 13.5

```
<owl:Class rdf:ID="Process">
    <rdfs:comment>
Themost general class of processes
</rdfs:comment>
    <owl:unionOf rdf:parseType="Collection">
        <owl:Class rdf:about="#AtomicProcess"/>
        <owl:Class rdf:about="#SimpleProcess"/>
        <owl:Class rdf:about="#CompositeProcess"/>
    </owl:unionOf>
</owl:Class>
```

整个过程模型如图 13.2 所示。

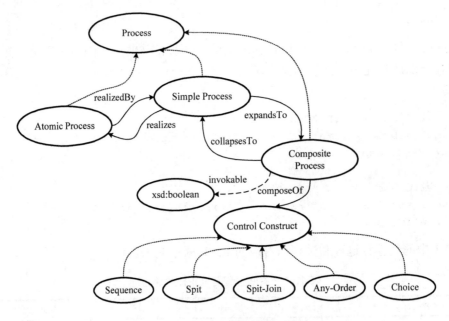

图 13.2　过程模型

原子过程对应的动作可以通过结合单一的交互来执行服务。复合过程对应的动作则需要多个步骤的协议和多个服务的执行。简单过程提供了一个抽象机制，用来支持相同过程的多个视图。下面讨论原子过程和简单过程，复合过程留在下一节来叙述。

原子过程可通过传递给它们适当的消息直接调用。对于服务请求者而言，原子过程没有子过程并可以在单个步骤中执行。也就是说，它们需要一个输入消息，做一些事情，然后返回自己的输出消息。对于每一个原子过程，必须提供一个基础(grounding)信息，使服务请求者能够了解该如何去访问这个过程。

例 13.6

```
<owl:Class_rdf:ID="AtomicProcess">
    <owl:subClassOf_rdf:resource="#Process"/>
</owl:Class>
```

观察一个服务通常有不同的粒度，当我们不需要关心一个服务的内部细节时，可以将这个服务定义为简单过程，设想它和原子过程一样单步执行。简单过程是一个抽象的概念，不可直接调用，并且不需要与基础相关联。简单过程既可用作某些原子过程的特殊视图，也可用作某些复合过程的简化表示。在前一情况下，简单过程由原子过程实现（realizedBy）；在后一情况下，简单过程扩展为（expandsTo）复合过程。

例 13.7

```
<owl:Class rdf:ID="SimpleProcess">
    <rdfs:subClassOf rdf:resource="#Process"/>
    <owl:disjointWith rdf:resource="#AtomicProcess"/>
</owl:Class>

<owl:ObjectProperty rdf:ID="realizedBy">
    <rdfs:domain rdf:resource="#SimpleProcess"/>
    <rdfs:range rdf:resource="#AtomicProcess"/>
    <owl:inverseOf rdf:resource="#realizes"/>
</owl:ObjectProperty>

<owl:ObjectProperty rdf:ID="realizes">
    <rdfs:domain rdf:resource="#AtomicProcess"/>
    <rdfs:range rdf:resource="#SimpleProcess"/>
    <owl:inverseOf rdf:resource="#realizedBy"/>
</owl:ObjectProperty>
```

最后，对于一个原子过程，有且只有两个参与者，TheClient 和 TheServer。如下给出了一个简单实例。

例 13.8

```
<owl:Class rdf:about="#AtomicProcess">
    <rdfs:subClassOf>
        <owl:Restriction>
            <owl:onProperty rdf:resource="#hasClient"/>
            <owl:hasValue rdf:resource="#TheClient"/>
        </owl:Restriction>
    </rdfs:subClassOf>
    <rdfs:subClassOf>
        <owl:Restriction>
            <owl:onProperty rdf:resource="#performedBy"/>
            <owl:hasValue rdf:resource="#TheServer"/>
        </owl:Restriction>
    </rdfs:subClassOf>
</owl:Class>
```

13.3.2　复合过程

复合过程可分解成若干个原子或复合过程。通过使用指定控制结构，如 Sequence 和 If-Then-Else，可以将复合过程进行分解。复合过程不是一个服务端将要去完成的行为，而是用户通过发送和接收一组消息去执行的一个或一组行为。如果复合过程有一个整体效果，那么客户端必须以达到这样的效果为目的执行整个过程。复合过程的一个重要特征就是它的输入是如何通过特定的子过程接收的，它的各种输出是如何通过特定的子过程产生的。在下一节具体阐述。

下面来看复合过程的一个简单例子。一个 CompositeProcess 必须有一个 composedOf 属性。这个属性指定了复合过程的控制结构（ControlConstruct）。

例 13.9

```
<owl:ObjectProperty rdf:ID="composedOf">
    <rdfs:domain rdf:resource="#CompositeProcess"/>
    <rdfs:range rdf:resource="#ControlConstruct"/>
</owl:ObjectProperty>
<owl:Class rdf:ID="ControlConstruct">
</owl:Class>
```

每个控制结构与称为组件（components）的属性相关联，以指示嵌套的控制结构。

例 13.10

```
<owl:ObjectProperty rdf:ID="components">
    <rdfs:domain rdf:resource="#ControlConstruct"/>
</owl:ObjectProperty>
```

例如，控制结构 Sequence 的任何实例都有一个 components 属性，这个属性在 ControlConstructList（一个控制结构的列表）范围之外。任何复合过程都可以看作一颗树，非终结节点都标有控制结构。每个非终结节点都有子节点并使用组件（components）标识。

例 13.11

```
<owl:Class rdf:ID="Perform">
    <rdfs:subClassOf rdf:resource="#ControlConstruct"/>
    <rdfs:subClassOf>
        <owl:Restriction>
            <owl:onProperty rdf:resource="#process"/>
            <owl:cardinality rdf:datatype="&xsd;#nonNegativeInteger">
                1
            </owl:cardinality>
        </owl:Restriction>
    </rdfs:subClassOf>
</owl:Class>
```

过程可以从不同的角度描述：作为一个不可分解的过程或是作为复合过程，分别被称为"黑盒"和"白盒"视图。当一个复合过程被视为黑盒时，可将其看成一个简单过程。

在这种情况下，简单过程和复合过程的关系可以用属性 expandsTo 表示，逆向时用属性 collapsesTo 表示。

例 13.12

```
<owl:ObjectProperty rdf:ID="expandsTo">
    <rdfs:domain rdf:resource="#SimpleProcess"/>
    <rdfs:range rdf:resource="#CompositeProcess"/>
    <owl:inverseOf rdf:resource="#collapsesTo"/>
</owl:ObjectProperty>
<owl:ObjectProperty rdf:ID="collapsesTo">
    <rdfs:domain rdf:resource="#CompositeProcess"/>
    <rdfs:range rdf:resource="#SimpleProcess"/>
    <owl:inverseOf rdf:resource="#expandsTo"/>
</owl:ObjectProperty>
```

13.3.3　数据流和参数绑定

在 OWL-S 的复合过程中，传入的输入参数可以被各个原子过程引用，从而各个原子过程在初始化时能够有效的输入参数。另外，前一个原子过程的输出参数可能会成为下一个原子过程的输入参数。OWL-S 规范中对其进行如下描述：

例 13.13

```
<owl:Class rdf:ID="Binding">
    <rdfs:subClassOf>
        <owl:Restriction>
            <owl:onProperty rdf:resource="#toParam"/>
            <owl:cardinality rdf:datatype="&xsd;nonNegativeInteger">
                1
            </owl:cardinality>
        </owl:Restriction>
    </rdfs:subClassOf>
</owl:Class>

<owl:ObjectProperty rdf:ID="toParam">
    <rdfs:domain rdf:resource="#Binding"/>
    <rdfs:range rdf:resource="#Parameter"/>
</owl:ObjectProperty>
```

在上面的描述中，数据流是通过 Binding 来实现的，它具有两个属性：toParam 和 valueSpecifier，toParam 表示某个参数，valueSpecifier 表示参数的值。根据不同的应用场景，valueSpecifier 提供了四种不同类型：valueSource、valueType、valueData 和 valueFunction。valueSource 表示数据的流向，它的值由 valueOf 来限定。其他三种类型指向 XML 中某个 URL 链接。

数据流的方向由 valueSource 描述，例如：

例 13.14

```
<owl:ObjectProperty_rdf:ID="valueSource">
```

```
        <rdfs:label>valueSource</rdfs:label>
        <rdfs:domain_rdf:resource="#Binding"/>
        <rdfs:range_rdf:resource="#ValueOf"/>
        <rdfs:subPropertyOf_rdf:resource="#valueSpecifier"/>
    </owl:ObjectProperty>
```

valueSource 的值由 valueOf 类对象的属性 theVar 和 fromProcess 来限定。如果在一个 toParam=p 的 Binding 中，含有 valueSource=s 且带有属性 theVar=v 和 fromProcess=R，则表示该过程的参数 p 等于 R 的参数 v。

例 13.15

```
<owl:Class rdf:ID="ValueOf">
<rdfs:label>ValueOf</rdfs:label>
<rdfs:subClassOf>
    <owl:Restriction>
        <owl:onProperty rdf:resource="#theVar"/>
        <owl:cardinality rdf:datatype="&xsd;#nonNegativeInteger">
          1
        </owl:cardinality>
    </owl:Restriction>
</rdfs:subClassOf>
<rdfs:subClassOf>
    <owl:Restriction>
        <owl:onProperty rdf:resource="#fromProcess"/>
        <owl:maxCardinality rdf:datatype="&xsd;#nonNegativeInteger">
          1
        </owl:maxCardinality>
    </owl:Restriction>
</rdfs:subClassOf>
</owl:Class>

<owl:ObjectProperty rdf:ID="theVar">
<rdfs:domain rdf:resource="#ValueOf"/>
<rdfs:range rdf:resource="#Parameter"/>
</owl:ObjectProperty>

<owl:ObjectProperty rdf:ID="fromProcess">
<rdfs:domain rdf:resource="#ValueOf"/>
<rdfs:range rdf:resource="#Perform"/>
</owl:ObjectProperty>
```

13.4　服　务　基　础

在 OWL-S 中，Service Profile 和 Service Model 都是抽象的表述，而 Service Grounding 涉及服务的具体规范。基础服务规定了如何访问服务的细节，指定了服务访问的协议、消息格式、序列化、传输和地址等。在 OWL-S 规范中并没有定义相应的语法成分来描述具体的消息，而是利用 WSDL 规范来描述。由于 OWL-S 利用 WSDL 来描述具体的消息，因此在 OWL-S 和 WSDL 之间要进行概念间的映射，如图 13.3 所示。

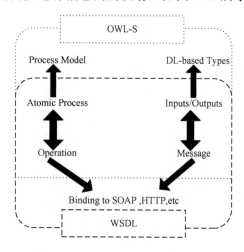

图 13.3　OWL-S 和 WSDL 之间的映射关系

OWL-S/ WSDL 的基础服务是基于 OWL-S 和 WSDL 之间映射如下。

(1) OWL-S 原子过程映射到 WSDL 操作。OWL-S 的过程中包括如下操作类型：

● 既有输入又有输出的原子过程，对应于 WSDL 的请求-响应操作。

● 有输入，但没有输出的原子过程，对应于 WSDL 的单向操作。

● 只有输出没有输入的原子过程，对应于 WSDL 的通知操作。

● 既有输入又有输出的复合操作，对应于 WSDL 的请求-响应操作。

(2) OWL-S 原子过程的输入集合和输出集合映射到 WSDL 的消息。

(3) OWL-S 原子过程的输入和输出的类型（OWL 类）映射到 WSDL 的可扩展的抽象类。

13.5　本 章 小 结

OWL-S 是基于 OWL 框架的语义网中用来描述 Web 服务的本体语言。OWL-S 允许用户和软件代理商在定义的容器中自动地发现、调用、组合并主导 Web 资源，从而提供服务。OWL-S 包括 ServiceProfile、ServiceModel 以及 ServiceGrounding 三个组件，分别描述了服务的功能、如何实现服务及如何访问服务。

本章中所提到的内容与 OWL-S 1.1 版本一致，相关的版本信息可在 http://www.daml.org/services/owl-s 中查看。

参 考 文 献

戴维民，等. 2008. 语义网信息组织技术与方法. 上海：学林出版社

邓志鸿，唐世渭，张铭，等. 2002. Ontology 研究综述. 北京大学学报（自然科学版），38（5）

丁跃潮，张涛. 2010. XML 实用教程. 北京：北京大学出版社

高志强，潘越，马力，等. 2009. 语义 Web 原理及应用. 北京：机械工业出版社

耿祥义. 2009. XML 基础教程. 北京：清华大学出版社

龚玲，张云涛，等. 2009. Web 服务原理和技术. 北京：机械工业出版社

顾进广，陈莘萌. 2007. 基于语义的 XML 信息集成技术. 武汉：武汉大学出版社

贾素玲，王强等. 2007. XML 技术应用. 北京：清华大学出版社

李刚. 2011. 疯狂 XML 讲义. 2 版. 北京：电子工业出版社

李浩，陆歌皓，刘宝龙. 2012. XML 及其相关技术. 北京：清华大学出版社

李景霞，侯紫峰. 2005. Web 服务组合综述. 计算机应用研究，12（4）：4-7

陆建江，张亚非，苗壮，等. 2007. 语义网原理与技术. 北京：科学出版社

吴洁. 2007. XML 应用教程. 2 版. 北京：清华大学出版社

张乃岳，戴超凡，等. 2012. 面向服务的计算：语义、流程和代理. 北京：清华大学出版社

Doconta M，Obrst L J，Smith K T. 2008. A Guide to the Future of XML，Web Services，and Knowledge Management

Fawcett J，Liam R. E Quin，et al. XML 入门经典. 5 版. 刘云鹏，王超译. 北京：清华大学出版社

Hitzler P，Krotszsch M，Rudolph S，et al. 2012. 语义 Web 技术基础. 俞勇，等译. 北京：清华大学出版社

Hunter D，Rafter J，Fawcett J. 2009. XML 人们经典. 4 版. 吴文国译. 北京：清华大学出版社

Papazoglou M P. 2009. Web 服务. 龚玲，等译. 北京：机械工业出版社

Papazoglou M P. 2009. Web 服务原理和技术. 龚玲张，于涛，译. 北京：机械工业出版社

Singh M P, Huhns M N. 2006. Service-oriented computing: semantics, processes, agents. John Wiley & Sons

http://www. w3. org/TR/2009/WD-owl2-new-features-20090611

http://blog. sina. com. cn/s/blog_4cc16fc50100b8d0. html

http://uddi. xml. org/uddi-101

http://www. ibm. com/developerworks/cn/education/webservices/ws-psuddi/ws-psuddi. htm

http://www. oracle. com/technetwork/cn/articles/matjaz-bpel1-090722-zhs. html

http://www. w3. org/Submission/OWL-S

http://www. w3. org/TR/2004/REC-rdf-primer-20040210/#intro

http://www. w3. org/TR/2005/CR-ws-cdl-10-20051109

http://www. w3. org/TR/soap12-part1

http://www. w3school. com. cn/rdf/rdf_intro. asp

http://zh. transwiki. org/cn/rdfprimer. htm